鲁西中—新生代页岩油资源评价

马明永 黄兴龙 张 晖 兰志勤 等编著

石油工业出版社

内 容 提 要

本书主要介绍了页岩油储层特征与富集成藏规律、资源评价选区原则及评价方法等内容，结合对鲁西地区中—新生代含油层段专题研究，详细分析了含碳泥岩分布特征，明确了鲁西地区济宁—鱼台凹陷侏罗系三台组、汶东凹陷古近系大汶口组和成武凹陷白垩系地层具备一定的页岩油勘探开发潜力。本书对鲁西地区页岩油资源评价具有一定意义，为后续勘探开发提供了资料。

本书可供油气勘探相关人员及石油高等院校师生参考。

图书在版编目(CIP)数据

鲁西中—新生代页岩油资源评价 / 马明永等编著.
北京：石油工业出版社，2024.8. -- ISBN 978-7-5183-6875-4

Ⅰ.TE155

中国国家版本馆 CIP 数据核字第 20248X4217 号

出版发行：石油工业出版社
（北京安定门外安华里 2 区 1 号楼　100011）
　　网　　址：www.petropub.com
　　编辑部：（010）64523736　图书营销中心：（010）64523633
经　　销：全国新华书店
印　　刷：北京中石油彩色印刷有限责任公司

2024 年 8 月第 1 版　2024 年 8 月第 1 次印刷
787×1092 毫米　开本：1/16　印张：7.75
字数：197 千字

定价：80.00 元
（如出现印装质量问题，我社图书营销中心负责调换）
版权所有，翻印必究

《鲁西中—新生代页岩油资源评价》
编 委 会

主　编：马明永

副主编：黄兴龙　张　晖　兰志勤

成　员：吕育林　王　明　窦凤珂　杨其栋

　　　　孙小惠　王　悦　颜廷忠　时　伟

　　　　林丛丛　郜普闯　江星浩　张海丽

前　言

　　页岩油是以页岩为主的页岩层系中所含的石油资源,其中包括泥页岩孔隙和裂缝中的石油,也包括泥页岩层系中的致密碳酸盐岩或碎屑岩邻层和夹层中的石油。

　　全球页岩油资源丰富,北美"页岩油气革命"的成功,大大改变了全球能源与地缘政治格局,为油气勘探从以"源外"为主进入"源内"规模勘探与开发阶段提供了成功案例。中国是目前世界上实现陆相页岩油商业性开发最成功的国家之一,先后在准噶尔、鄂尔多斯、三塘湖、松辽、渤海湾、柴达木等盆地取得重大突破。页岩油作为我国重要的石油资源接替阵地,其效益化、规模化开发有利于保障国家能源安全及降低石油对外依存度。

　　随着国内外页岩油气勘探开发实践的成功,页岩油基础研究越来越受到学者们的关注。本书是山东省自然资源厅省级财政地质勘查项目(鲁勘字〔2019〕41号)资助成果,为了系统揭示鲁西地区中—新生代页岩油资源赋存地质特征,本书遵循"地震勘探—钻探验证—页岩油资源预测"的工作思路,通过二维地震勘探、参数井钻探、地质综合录井、地球物理测井、样品采集与分析化验、参数井单井评价和地质专题攻关研究等工作手段,阐述了中—新生代地层中含碳泥页岩分布特征,查明了研究区侏罗系页岩油资源生储地质条件与富集成藏规律；初步预测了鲁西地区侏罗系页岩油资源潜力，圈定了页岩油资源成矿有利区，为全面评价山东省页岩油资源和进一步勘探开发工作提供了依据。

本书是在山东省煤田地质规划勘察研究院相关人员的共同努力下完成，具体分工如下：第一章由马明永和张晖编写，第二章由黄兴龙和兰志勤编写，第三章由马明永和兰志勤编写，第四章由窦凤珂、王明、吕育林和杨其栋编写，第五章由王悦和时伟编写，第六章由郜普闯和孙小惠编写。最后由马明永、张晖统稿。全书图件清绘由林丛丛、王悦、郜普闯、颜廷忠等人完成，在此表示衷心的感谢。

目 录

第一章 绪论 ·· 1
  第一节 研究区概况 ·· 1
  第二节 以往地质工作情况 ·· 2
  第三节 资源调查评价工作概况及取得的主要成果 ······································ 9

第二章 区域地质概况 ··· 14
  第一节 区域地层 ·· 15
  第二节 区域构造 ·· 20
  第三节 侵入岩 ··· 22

第三章 鲁西地区页岩油基本地质条件分析 ·· 23
  第一节 鲁西页岩油资源评价重点工作区优选 ··· 23
  第二节 页岩油储层地层格架 ··· 25
  第三节 页岩油储层构造演化及沉积体系 ··· 31
  第四节 页岩油储层、盖层特征 ··· 43
  第五节 页岩油有机地球化学特征 ·· 57
  第六节 页岩油富集控制因素 ··· 68

第四章 鲁西地区页岩油资源潜力评价与有利区预测 ·· 73
  第一节 页岩油资源量计算 ·· 73
  第二节 页岩油勘探潜力综合评价 ·· 78
  第三节 页岩油选区评价方法和关键参数 ··· 79
  第四节 页岩油有利区优选 ·· 80
  第五节 工业利用价值和开采难点 ·· 83

第五章 工作方法及质量评述 · 87
第一节 工作方法选择及有效性评述 · 87
第二节 二维地震工作及质量评述 · 89
第三节 参数井钻探工程及质量评述 · 102
第四节 综合录井工程及质量评述 · 104
第五节 样品采取、加工、测试及质量评述 · 107
第六节 原始地质编录及综合整理 · 108
第七节 基础地质编图及质量评述 · 109

第六章 结论 · 110
第一节 完成情况及取得的主要认识 · 110
第二节 存在问题及下一步工作建议 · 111

参考文献 · 113

第一章 绪 论

页岩油是指以页岩为主的页岩层系中所含的石油资源,其中包括泥页岩孔隙和裂缝中的石油,也包括泥页岩层系中的致密碳酸盐岩或碎屑岩邻层和夹层中的石油。我国页岩油资源非常丰富,具有巨大的资源潜力和勘探开发前景,截至2021年底,我国页岩油已累计提交探明储量$13.06×10^8$t,三级地质储量达$39.5×10^8$t,据统计,2021年页岩油产量达到$265×10^4$t[1]。页岩油资源的开发利用将成为实现我国能源安全供给、能源多元化发展的重要战略选择。按照我国页岩油分布范围及盆地划分,山东省的页岩油资源赋存范围为渤海湾盆地和南华北盆地[2],按照以往研究成果,鲁西地区页岩油主要发育在中—新生代地层中,具有埋深普遍较深、成熟度低和有机质丰度高等特点[3]。

第一节 研究区概况

一、研究区范围

研究区位于山东省西部,分属莱芜、泰安、聊城、临沂、枣庄、济宁、菏泽七市20余个县(市)所辖地区,面积约40000km²。

区内交通便利,(北)京—九(龙)铁路、京—沪(北京—上海)铁路、兖(州)—石(臼)铁路在研究区通过;(北)京—福(州)高速公路、济(南)—菏(泽)高速公路成为研究区交通主干线,国道、省道纵横交错,构成了四通八达的公路交通网络,各村庄间有水泥(或柏油路)公路相通,交通运输条件十分优越。

二、自然地理

(一)地貌及水系

山东地貌可分为鲁西北平原和鲁西南平原,鲁中南中低山丘陵和鲁东低山丘陵三个单元。调查区位于鲁西北平原和鲁西南平原和鲁中南中低山丘陵部分[4],其中:

鲁西北平原和鲁西南平原是华北平原一部分,包括山前倾斜平原、黄泛平原及黄河三角洲,略呈弧形环抱鲁中南丘陵山区西侧及北侧[5]。地面平坦,标高一般在50m以下,仅西部地区标高60~70m,地势沿黄河流向自西南向东北方向微倾斜。山前倾斜平原主要由潍河、淄河、汶河、泗河等河流冲洪积扇群组成。黄泛平原及黄河三角洲是全省地势最低、地面最平坦的地区。

鲁中南中低山丘陵区为全省最高地区，地势中部凸起，四周低下，凸起最高部位由古老花岗质结晶基底组成标高 800m 以上的中山。泰山、鲁山、沂山、蒙山、徂徕山等标高一般在 1000m 以上。由中山向外逐渐过渡为 400~800m 的低山及 400m 以下的丘陵。

研究区主要属于淮河流域、黄河流域、海河流域。主要河流有黄河、大清河、泗河、汶河、洙赵新河、万福河、徒骇河、马颊河、金堤河等，京杭大运河从调查区通过。区内主要湖泊有微山湖、东平湖等，其中微山湖是中国北方最大的淡水湖泊，也是研究区最主要的汇水盆地。

(二) 气候

研究区属温带季风气候，具有降水集中、雨热同季、四季分明、春秋短暂、冬夏较长、夏热冬冷、四季分明等特点。年平均气温 13~14℃。一月份气温最低，七月份气温最高。历年极端最低气温-18℃左右，极端最高气温 41℃左右。无霜期一般大于 200 天，区内热量条件可满足农作物一年两季的需要。调查区内年平均降水量 713mm，多集中于每年的 7 月至 9 月，雨量比较集中，容易发生洪涝灾害。

三、人文经济概况

研究区人口密度较大，经济比较发达，是全国人文景观、自然景观和自然资源比较集中的地区。区内矿产资源比较丰富，主要有煤、铁等矿产，还有白云岩、石灰岩、石膏等岩类。

全区生产以农业为主，区内农田耕作条件较好，是重要的果品、粮食生产基地，盛产小麦、水稻、玉米、花生、大蒜、苹果、桃子等经济作物和粮食作物。粮食自给有余，棉花量多质优，为山东省的重要产棉区。该区工业门类比较齐全，工业主要有机械、机床、汽车、发电、电机和通信器材等；轻工业有纺织、丝绸、化肥、造纸、建材及食品、棉花加工等。区内属华北电网，电力供应充足。总之，研究区农产品丰富，有一定的工业基础，劳动力充足，地势平坦，交通方便，工农业生产的发展具有良好的前景。

第二节 以往地质工作情况

一、研究区以往区域地质工作

区域性基础地质工作的成果是本次页岩油调查评价的基础，目前山东省基岩出露区整体基础地质调查工作完成程度较高[6]，但在新生代覆盖区的区域调查工作程度相对较低，给本次调查评价工作带来了较大难度。

鲁西地区 1:250000 区域地质调查完成济宁市幅(I50C001002)、临沂市幅(I50C001003)、淄博市幅(J50C004003)三幅，由山东省地质调查院 2001 年至 2007 年历时七年完成。

研究区目前可利用的 1:200000 区调资料主要为 1976 年至 2003 年期间开展的第二轮区调成果，共完成完成禹城市幅、章丘市幅、淄博市幅、济南市幅、泰安市幅、临朐县幅、济宁市幅、新泰市幅、沂水县幅、金乡县幅、枣庄市幅、临沂市幅，共计 12 幅，基本覆盖鲁西地区。

自 1981 年以来，山东省 1∶50000 区域地质调查完成 234 幅基本覆盖了省域基岩出露区。

二、研究区以往矿产地质工作

（一）煤炭、煤层气的地质工作

1. 煤炭的地质工作

山东省煤炭资源丰富，查明资源储量多。截至 2019 年底，累计查明资源储量为 $333.06×10^8$t，其中基础储量 $123.26×10^8$t，查明大型、中型、小型煤炭产地共计 204 处，山东省已查明的井田数达到勘探（精查）程度的 163 个，总体上煤田的勘查程度较高[7]。

2. 煤层气的地质工作

山东省系统的研究煤层气地质工作成果是山东省煤田地质勘探公司于 1985 年 4 月完成的山东省煤矿瓦斯地质图及说明书，收集整理了自 1958 年以来的瓦斯资料数据，瓦斯资料来源于各矿井历年积累的大量实际资料和其他新资料。

1986—1988 年，地质矿产部第三地质大队完成了《山东省鲁西隆起区石炭—二叠系煤成气普查可行性研究报告》，认为山西组和太原组是主要气源层，阳谷—茌平及曹县—成武地区煤成气远景较好。

1995 年，山东煤炭地质工程勘察研究院完成"山东省煤层气资源评价"报告，主要对黄河北煤田进行了评价，认为长清区、赵官镇深部有甲烷含量较高的点存在。

1996—1997 年，胜利石油管理局地质科学研究院进行并完成"山东探区煤型气资源潜力及勘探前景分析"研究项目，评价认为阳谷—黄河北—淄博的石炭—二叠系含煤带为鲁西隆起最有利的煤层气勘探区带。

1999—2000 年，山东省地质科学试验研究院提交了《山东省煤层气资源预测研究》，预测黄河北煤田是有利的煤层气远景区，淄博、章丘两处煤田是较有利的煤层气远景区。

2010—2011 年，山东泰山地质勘查公司编制完成了《山东省黄河北煤田赵官矿区煤层瓦斯赋存规律研究及资源储量评价》；完成了 3 口煤层气参数井的钻探、地质录井及试井，总结了煤层气赋存规律，对煤层气资源状况与可采性进行了评价。

2013 年 7 月，山东泰山地质勘查公司编制完成了《山东省阳谷—茌平区块安乐煤层气资源储量评价》，对区内煤层气赋存规律进行研究及资源评价，初步估算了登记区块含气面积和地质储量。

2015 年，山东省煤田地质规划勘察研究院提交《山东省黄河北煤田煤层气资源调查评价》。完成了一口煤层气参数井钻井及相关地质录井、测井和现场解析工作，取得了现场解析平均含气量 $5.4m^3/t$，甲烷含量超 80% 的数据，对黄河北地区煤层气资源赋存规律和富集条件进行了系统评价，对煤层气资源状况与可采性进行了评价。

(二) 石油、天然气的地质工作

鲁西地区作为中原油田油区外围，中原油田登记有鱼台和成武两个大的区块，20世纪50年代初期开始在中原油田的山东探区持续开展油气勘查工作[8]。

胜利油田、中原油田、中国地质调查局油气资源调查中心等单位为寻找油气累计实施二维地震勘探6631.66km，各类浅井3000多口、油气探井13口(表1-1)，在这些浅井及油气探井中有50口井见到不同程度的油气显示(表1-2)。

表1-1 鲁西隆起工作量统计表

年度	地震勘探(km) 模拟	地震勘探(km) 数字	钻井情况	地区
1955—1960			浅井3000多口	全区
1971—1972				成武
1974—1975	754.8/28条			成武
1975—1976	1761.5			
1977—1979	602.6		聊古1、聊1、鲁1、鲁2、鲁3	莱芜、汶西、汶东、成武、宁阳、鱼台、滕县、汶上、寿张
1979—1980	70.8		汶上找钾盐浅井8口	
1983—1985			高1、成参1、成参2	菏泽、成武
1989—1990		584.36	聊3	成武、鱼台、拳铺、汶上、济宁、阳谷
1992—1994		1162.9	汶1、汶2	成武、汶东、拳铺、汶上
1998—1999		843	聊古2	成武、寿张、阳谷
2006		497.6	前12	鱼台、菏泽
2008—2009		101		成武
合计	3189.7	3188.86	油气探井13口，煤、钾盐浅井3000多口	
总计	6631.66			

表1-2 鲁西隆起区油气显示及产油情况统计表

地区	层位	显示井或钻孔	油气显示情况	产油情况	井数
汶东凹陷	大汶口组	鲁1、泰2、ZK8、ZK9、ZK10、ZK15、ZK16、ZK17、ZK18、ZK20、ZK23、ZK24、ZK25、ZK26、ZK27、ZK31、ZK37、ZK40、汶1、汶2、汶页1	原油、沥青沿砂岩缝、油页岩、泥灰岩、石膏岩等层面分布，或充填于溶孔晶洞及裂隙中	1977年ZK18钻至沙三段下亚段400~500m见原油从井口返出，1978年对该段提捞测试日产油3.2t；1984年泰2井在热采自然硫试验阶段从井口返出大量原油	21
汶西凹陷	大汶口组	ZK2、ZK5、ZK6、ZK8、ZK9、ZK11、ZK13、ZK14、ZK111、ZK201、ZK202、ZK203、ZK204、ZK205、ZK206、采1、CK47、CK55、CK58、CK89、CK93	原油、沥青沿砂岩缝、油页岩、泥灰岩、石膏岩等层面分布，或充填于溶孔晶洞及裂隙中	/	21

续表

地区	层位	显示井或钻孔	油气显示情况	产油情况	井数
汶上凹陷	沙三段	上1	泥页岩裂缝含油	/	1
济宁坳陷	白垩系	D2、相30	缝洞中渗出原油	/	2
鱼台凹陷	沙三段	78-1	钻井液气侵	/	1
鱼台凹陷	白垩系	78-4、140	缝洞中渗出原油	/	2
阳谷凸起	马家沟组	聊古1	油迹灰岩	测试见油花，产水	1
阳谷凸起	馆陶组	聊古1	油斑粉砂岩	/	1
阳谷凸起	第四系	聊古1	砂岩甲烷气	/	1
阳谷凸起	奥陶系	聊古2	油斑、荧光灰岩	测试产水	1
滕县凹陷	白垩系	机5	见沥青	/	1
巨野	奥陶系	巨2、巨3	石灰岩、白云岩中见油珠、沥青	/	2
合计				/	33

1977年在阳谷凸起上钻探的聊古1井在奥陶系869.0~1375.4m碳酸盐岩中见油迹3.6m/7层，在馆陶组601.5~612.0m黄色粉砂岩中见油斑4.5m/2层，在第四系平原组100~200m见甲烷气。在菏泽、定陶、梁山、巨野、嘉祥、丰沛等地的地面和水井、浅井中也见到油气苗，比如梁山境内发现5处气苗，尤其是原梁山县城关公社郑境村东南约250m处于1957年挖的水井气流量大，持续冒泡达九年之久，在井深8.1m处用6.0~6.5cm竹制气管试气测得流量8.64m³，揭示了较好的含气前景。

三、研究区页岩油气工作程度

山东省自20世纪60年代以来便在济阳坳陷开展页岩油工作，2012年以来，山东省相继安排多个页岩气资源调查工作(表1-3)。

表1-3 鲁西地区页岩油气工作统计

年份	地区	井号	进尺(m)	井底层位	单位
2013	菏泽凸起	曹页参1	2084.48	奥陶系	山东省国土厅 山东省煤田地质局
2014	丰沛凸起	鲁页参1	1700.00	马家沟组	中国地质调查局 油气资源调查中心
2015	汶东凹陷	汶页1	1500.15	大汶口组	中国地质调查局 油气资源调查中心
2015	鱼台凹陷	鱼页参1	2303.04	古生界	山东省煤田地质局
2015	寿张凹陷	聊页参1	1876.08	马家沟组	山东省煤田地质局

2012年9月，山东泰山地质勘查公司承担《山东省页岩气资源调查与潜力评价》。

2013年1月至3月，山东省国土资源厅组织编写了《山东省页岩气调查评价实施方案（2013—2014年）》，对加强我省页岩气的基础研究和调查评价工作起到了重要的作用。

2013年，山东省地质调查院承担了中国地质调查局天津地质调查中心"华北中南部地区非常规能源选区研究"项目，提交了《山东鲁西地区上古生界石炭—二叠系非常规能源调查选区研究报告》，对鲁西地区的页岩油气赋存条件进行了系统评价，对该区页岩油气成藏条件有了初步的认识。初步预测了曹县煤田、鱼台凹陷、黄河北煤田、阳谷—茌平煤田共4个远景区。

2013年8月至2015年6月，根据《山东省页岩气调查评价实施方案》安排7个调查评价项目，在本次工作区内开展的鲁西南含煤区资源潜力调查评价、阳谷—茌平煤田资源潜力调查评价、黄河北煤田资源潜力调查评价实施二维地震勘探测线长度534.33km，二维地震勘探物理点13294点，钻探参数井4孔，改造参数井1孔，钻探共计13129.92m（表1-3），测井13118.70m。通过系统的测试分析，明确了各盆地或坳陷内富有机质页岩层段的地球化学、储集物性及含气性特征。同时优选了页岩油气资源远景区和有利区。其中山东省煤田地质局在鲁西地区实施的曹页参1井、聊页1井、鱼页参1井均有不同程度的页岩油气显示。其中在济宁凹陷南部实施的鱼页参1井在井深898m处开始见油苗显示，最终获取了含油岩心101m，揭示了在鲁西地区寻找页岩油的最直接证据。该套地层在2007年煤炭勘查的YJ1井中也得以发现，在针对岩心开展了系列测试工作后，发现中生代（侏罗系）泥页岩地层中含油率5%~10%，主要裂隙含油。现场气测录井数据明显升高，化验测试确定为自生自储的页岩油。

2013—2015年，由中国地质调查局油气资源调查中心在山东布设两口页岩油气调查井——鲁页参1井和汶页1井。鲁页参1井位于山东省西南部的单县张集镇，该井由山东省鲁南地质工程勘察院组织施工，完钻深度为1700m，取心总进尺290.88m，岩心长274.70m，采取率94.44%，完钻层位奥陶系；解释页岩油气有利富集层位15层，总厚度96.03m，经储层分析对比评价认为，山西组上部2煤层附近、太原组中上部8煤层至12煤层、太原组下部16煤层至18煤层，此三组地层厚度、气测全烃值、含气量现场解吸等测试显示较好，可作为鲁南地区上古生界地层页岩油气赋存有利层位。汶页1井位于汶东凹陷，为油气资源调查中心部署实施的首口页岩油地质调查井，完钻层位大汶口组下段，完钻深度1500.15m，全井累计取心1394.16m，收获率92.93%；钻探初步查清了大汶口组中上段岩性发育特征和主要含油层位，含油层段主要分布于396.86~1028.40m之间，共计93层，单层最大厚度13.61m，累计厚度202.84m。主要为页理含油，少量为裂隙含油；对45件岩心样品进行了含油率测试，平均含油率4.19%，最高达到30%；其中22件样品含油率在2%以上，部分页岩岩心可直接点火燃烧，含油层段的岩性组合、油气显示和含油率等各种证据表明该地区页岩油前景良好。

四、以往工作认识及存在问题

（一）以往工作主要认识

通过对以往资料的整理和分析，获得主要认识如下：

（1）基础地质研究程度高，油气勘查程度相对较低。

通过对以往资料进行分析整理发现，自20世纪50年代开始，在鲁西地区省内煤田、油田、地矿及化工等单位开展了大量的基础地质调查和专门矿种勘查工作，形成的地质勘探成果和单项勘查资料近万件，特别是煤田、油田勘查通过三维地震勘探等物探技术和高密度钻井的实施，大幅提升了隐伏区域区域地质查明程度[9]，为本次工作奠定了较好的工作基础，但若用于页岩油气资料分析研究，仍需要进行系统的整理和资料的二次开发应用。

除油田企业为其矿区外围寻找接续资源做的针对油气调查工作外，鲁西地区真正开展的油气勘查并不多，仅在2013年之后由山东省国土资源厅、地调局油气资源调查中心组织开展了部分重点区域的油气调查工作。鲁西隆起区上真正可查的油气勘查资料使用的仅5个专业报告和6口油气井（鱼页参1井、曹页参1井、聊页1井、汶页1井、鲁页1井、济古1井）资料，这相对鲁西地区大大小小共24个凹陷、三个主要层系页岩油气资源的调查评价是远远不够的，截至2021年已完成的凹陷中已经有油气的明显显示和较好发现，对近些年油气资源的分析研究和重点区域的寻求突破应成为本次工作的重点。

（2）以往资料为本次工作的重点区域和主要层系提供了依据。

在以往地质资料基础上，通过近几年的页岩油气勘查，在鲁西地区发现页岩油最直接证据的区块主要有两处。

① 济宁凹陷鱼页1井见有显示。

在济宁凹陷实施的鱼页参1井在井深898m处开始见油苗显示，最终获取了含油岩心101m，该套地层在2007年煤炭勘查的YJ1井中也得以发现（图1-1），在针对岩心开展了系列测试工作后，发现中生代（侏罗系）泥页岩地层中含油率5%~10%。现场气测录井数据明显升高，化验测试确定了油源，为自生自储的页岩油，这揭示了在鲁西地区寻找页岩油的最直接证据。

图1-1 鱼页参1井（左）、YJ1井（右）侏罗系岩心油苗显示

② 汶东凹陷汶页1井见有显示。

通过地调局实施汶页1井及胜利油田实施的有原油返至井口的鲁1井和ZK18井揭示了汶东凹陷的古近系包括固城组和大汶口组两个地层含有丰富的页岩油气通过地层对比，固城组对应济阳坳陷的孔店组三段，大汶口组下段对应孔店组一段、二段，大汶口组中段对应沙四段，大汶口组上段对应沙三段，洼陷储集类型多样，包括砂岩、泥灰岩、页岩、膏岩均可作为储层，以泥灰岩储层为主。汶页1井累计揭露页岩油地层93段，累计厚度达202m，最大含油饱和度达30%，部分含油岩心可燃。由此判断与其类似的新生界盆地莱芜凹陷、汶西凹陷具有相似的页岩油气赋存特征。

通过目前已知的两个见页岩油气显示区块，结合中原油田在其探区外围进行的上古生界（石炭—二叠系、奥陶系）的油气勘探和研究，确定本次页岩油勘查的主要层系为：鲁中地区的大汶口盆地诸凹陷开展新生界大汶口组页岩油气调查、鲁西地区保留中生代地层盆地开展侏罗系（油田认为白垩系）页岩油气调查两个主要工作方向。通过以往资料分析，在以上区域和层系基本可以确定取得页岩油资源的发现，通过工作可进一步确定勘查开发的潜力和资源规模。

（3）国内外非常规油气研究水平和省内地勘队伍能力为本次工作提供了保障。

截至2019年5月，美国页岩油产量已达到$846×10^4$bbl/d，而页岩油气开采的水平井钻进、储层压裂改造等技术一日千里的快速进步为页岩油开发提供了工程保障[10]，目前我国涪陵地区页岩油气开采井的成本已经下降近68%[11]，技术进步使非常规油气开采成本呈现逐渐降低趋势，国际油价逐渐增长使资源勘查开发行业有了较大的利润空间，也使得基础性、公益性油气勘查更显具有较大的经济意义和社会影响意义。

作为全国最先积极响应国家号召开展非常规油气的省份，山东省自然资源厅管理的各地勘单位也积极参与，2013—2015年完成了山东省页岩油气资源调查评价，2013—2016年协助国土资源部完成页岩油气二轮招标区块的综合勘查，2014年至今，山东省内地勘单位积极服务地调局非常规油气勘查工程和综合评价项目31项，先后在吉林、新疆、内蒙古、青海、山东等地开展页岩油资源勘查；在贵州、广西、云南、新疆、内蒙古、青海、河南、湖北等地开展非常规油气调查评价，全部勘查成果均一次性通过地调局验收，为山东省地勘单位争得荣誉的同时，也为本次页岩油调查评价工作积累了丰富经验。目前山东省有科技部批准建设的"非常规能源勘查技术创新平台"及山东省煤田地质局和山东省地质矿产勘查开发局建设的页岩油气技术研究中心、省级重点实验室等技术攻关团队，为本次工作的开展提供了人员支持和技术保障。

（二）以往工作存在的主要问题和建议

（1）鲁西地区自20世纪50年代开始开展了大量的地质勘查工作，形成的资料种类和数量众多，特别是近些年开展的针对煤炭、煤层气、油气开展的巨厚松散层下的物探钻探工作特别丰富[12]，但通过前期整理发现，各矿种勘查的资料表述方式区别非常大，区域构造的命名也不尽相同，另外油田单位开展的工作相对独立，从未进行过资料汇交，本次资料的整理难度较大，对主要工程的布置和验证井位的选择带来了困难。

(2)通过对大汶口盆地相关资料的收集和分析,汶东矿区多口井在钻井过程中均发现了硫化氢气体,2015年因硫化氢问题,胜利油田主动退出了汶东勘探区矿权,鉴于本次评价工作的主要目的,建议本次页岩油资源的调查评价在汶东凹陷内以对以往资料分析为主,尽可能不把本区作为资源评价主要靶区。

(3)中生代含油地层年代存在争议,也是本次工作需要重点解决的问题之一。山东省实施组织的页岩油气资源潜力调查评价鱼页参1井在中生代地层中钻遇较好的油苗显示。该段地层岩心样品孢粉分析结果显示裸子类花粉较为多见,偶见蕨类孢子。其中拟套环孢属 *Densoisporites*、阿赛肋特孢属 *Asseretospora*、克拉梭粉属 *Classopollis*、苏铁粉属 *Cycadopites* 及假云杉粉属 *Pseudopicea* 等在我国北方地区是中生代的常见化石,其中阿赛肋特孢属 *Asseretospora* 还是中侏罗统、下侏罗统的代表化石,故认为将该含油地层定为中生界中侏罗统、下侏罗统较为合适。然而在该段地层岩心中可见鱼类等动植物化石(图1-2)。

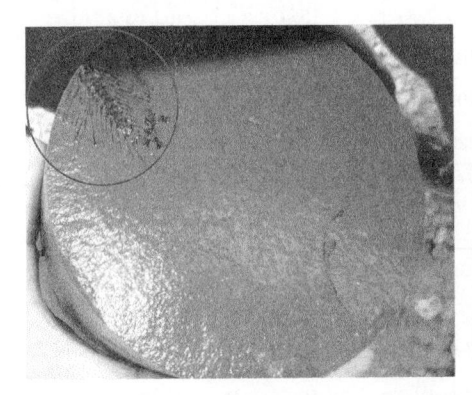

图1-2 中生代地层鱼类等动植物化石

其特征与鲁东地区下白垩统莱阳群水南组相似,对应工作区内的下白垩统莱阳群杨家庄组。中原油田通过在该区开展的一系列工作认为该区中生界自下而上由底砾岩—薄互层砂泥岩—细砂岩组成,构成一个较完整的沉积旋回。中部薄互层砂泥岩段在鱼台、汶上等凹陷可见深灰色、灰黑色泥岩,局部夹油页岩。上部凝灰质增多,说明该期火山活动较为强烈。地层中所含介形虫、轮藻、瓣鳃类、腹足类、鱼类及爬行类等化石表明该区发育中生代白垩系分水岭组与汶南组。

通过对以往资料的分析研究,初步认为本区发育的中生代地层为侏罗系,根据本段地层特征将侏罗系分为一段、二段、三段,其中含油气地层属于侏罗系二段。本次工作将获取该段地层岩心资料并进行针对性化验分析作为重要工作之一,以确定地层年代及并获取相关油气地球化学参数,为该区油气资源勘查提供参数依据。

第三节 资源调查评价工作概况及取得的主要成果

本次页岩油资源潜力调查评价工作是在充分收集以往矿产勘查资料的基础上开展,主要工作是通过物探、钻探、测试、化验等手段获取中—新生代地层中含碳泥页岩分布及页岩油富集成藏规律。

一、完成工作概述

2019年6月任务书下达后，迅速组建"鲁西新生代盆地页岩油资源调查评价项目组"。下设综合研究组、地质技术组、地震技术组、测井技术组、化验技术组、钻井技术组等专业组，每个专业组配备3至5名高级技术人员投入开展工作。

工作实施主要分为三个阶段：资料收集、整理、分析阶段，野外地震、钻探等外业实施阶段，综合分析、总结及报告编制阶段（表1-4）。

表1-4 主要实物工作量完成情况一览表

序号	项目	单位	设计工作量	完成工作量	完成率	备注
1	1∶50000 地质编图	km^2	1000	1007	100.70%	
2	二维地震勘探	点	1500	1554	100.65%	
3	页岩油参数井钻探参数	m/孔	1200/1	1209/1	100.75%	
4	录井	m	1200	1209	100.75%	
5	测井	m	1200	1200	100.00%	
6	取样/测试	件/项	120/1500	149/1509	100.60%	
7	报告编制	份	1	1	100.00%	

（一）资料收集

本次资料收集工作贯穿项目始终，主要对鲁西地区以往开展的区域地质调查、地质矿产勘查特别是与本次页岩油资源评价层位相近的钻探、测井、物探和化验资料进行了收集分析整理，同时广泛查阅调研本区及南华北范围内研究文献资料，对页岩油赋存层位及赋存状态进行初步确定。鲁西含煤区具有60多年的煤炭勘查历史，积累了丰富的勘查资料，通过对以往资料的收集分析，为参数井井位选取及二维地震勘查施工提供了依据，为页岩油富集规律研究提供了坚实的数据支撑。

（二）勘查施工

野外勘查施工主要包括二维地震勘查施工、鲁页油1井钻测录施工及相应的页岩气参数提取工作。

在充分收集与深入分析已有资料的基础上，2019年9月完成二维地震勘查施工场地踏勘；2019年11月15日至12月12日完成二维地震数据采集1554个物理点；2020年1月至4月完成二维地震精细处理与解释，获得地震剖面3条，剖面长度52.6km；2020年4月至8月完成页岩油参数井井位论证，以及地质设计、工程设计、施工组织设计编制；2020年9月完成参数井井位踏勘及钻前准备工作；2020年10月10日钻井、录井设备进场，10月26日开始参数井鲁页油1井钻测录施工，截至12月27日完成钻探进尺1209m，随即完成数字测井1200m。参数井取心进尺201.13m，岩心长182.13m，岩心收获率90.47%，采样149件，化验测试1509项次。

（三）综合分析、报告编制

工作过程遵循"边施工，边分析资料，边优化设计"的"三边"原则，各项工作按照逻辑顺序先后开展。经过综合分析研究，优化二维地震勘查工作部署；参数井钻井施工在综合二维地震解释成果和收集资料的基础上开展。各工作环节严格进行自检互检，严格控制质量，确保取得准确的第一手原始资料。完成全部野外工作后，详实、细致地对鲁西地区中—新生代盆地页岩油资源发育情况进行了深入研究，为成果报告编制奠定了基础。

二、工作情况

本次工作时间自2019年5月开始实施，野外工作时间为2019年9月开始。

（一）资料收集

本次评价工作中，资料收集为工作开展的基础和最主要依据，本区是山东省最重要的煤炭资源赋存地，有悠久的煤炭资源勘查历史，中原油田、胜利油田也在本区进行过油气勘查工作，中国地调局2012年以来也在本区开展过页岩气勘查工作。这些以往矿产勘查资料为本次页岩油资源调查评价提供了有力的基础。

（二）二维地震勘查野外数据采集

2019年11月15日至24日，测量人员进场，相继开展了检波点、炮点的测量放样工作；11月27日，采集设备和施工人员进场；11月28日，进行了试验并开始数据采集工作；12月12日完成地震测线4条，测线长52.6km，物理点1554个，其中试验物理点20个，全部合格，生产物理点1534个，经评级甲级记录1301张，乙级记录230张，废记录3张，甲级率84.81%，合格率99.81%，单炮记录品质较高，各项技术指标符合设计和规范要求（表1-5）。

表1-5 完成二维地震勘查工程量统计表

线号	测线长(km)	生产物理点(个)				
		合计	甲级记录	乙级记录	合格记录	废记录
C1	10000~25200	467	384	83		
C21	10130~22420	318	271	46		1
C22	10000~18080	239	184	54		1
C3	8400~31600	510	462	47		1
试验点		20			20	
合计		1554	1301	230	20	3

2019年12月24日，山东省煤田地质规划勘察研究院组织内部专家对鲁西新生代盆地页岩油资源调查评价项目二维地震勘查工程进行野外验收，野外数据采集按照任务书、设计书和规范要求进行，采集质量较高，较好地完成了各项指标，随即转入室内进行地震资料的处理解释，2020年4月完成地震解释报告并通过山东省煤田地质规划勘察研究院组织的审查。

(三) 参数井钻探施工

在分析二维地震解释成果及页岩油参数井井位论证的基础上，2020年9月5日完成设计井位现场踏勘及钻孔测放，随即筹备钻测录人员及设备，2020年10月10日钻机及录井设备进场开展钻前准备工作，10月26日正式开始钻测录工程，截至12月27日完成钻探进尺1209m，取心进尺201.31m，岩心长182.13m，岩心收获率90.47%。并开展相应的页岩油测井及化验测试工作(表1-6)。

表1-6 鲁页油1井完成工作统计

序号	工作内容	工作量			
1	钻井进尺	一开	305.46m	2020年10月26日至10月31日	
		二开	1209.00m	2020年11月5日至12月27日	
2	取心	取心进尺	201.31m	岩心长度	182.13m
3	岩屑录井	岩屑录井	859点	荧光录井	859件
		钻时录井	1209点	工程录井	1209m
		气测录井	1209m	钻井液录井	120次
4	化验分析	1509项次			
5	测井	一开测井		0~305.46m	
		完钻测井		305.46~1200.00m	
6	单点测斜	12次			
7	套管、固井	一开套管	295.47m	一开固井	合格
8	完井报告	1套			

(四) 综合研究分析及报告编制

本次开展各项工程质量良好，符合有关规范及设计要求，满足报告编制的质量要求。

1. 基础地质研究

在充分收集以往钻探、地震、化验测试等资料基础上，结合本次开展的鲁页油1井及二维地震勘查施工等工作，对本区基本构造格架、构造演化史及主要断裂特征进行深入分析，依据二维地震解译，对构造格架进行修正，控制主要凹陷基底及发育形态，认识本区主要构造发育特征及演化规律。从本区地层发育情况、目的层段中新生界地层岩性、沉积构造特征，分析其时空演化规律，编制本区目的层段泥页岩沉积期岩相古地理图件。

2. 富有机质泥页岩层段空间展布规律研究

在以往勘查工作的基础上，通过本次开展的钻探、地震、测井等勘查手段，特别是利用地震资料，分析了剖面各层系反射同相轴的连续性、层间关系、信噪比等，结合钻探资料标定，对剖面进行了综合评价，绘制区域地层剖面及综合柱状图，确定全区富有机质泥页岩层段岩性组合特征，详细认识目的层系埋深、厚度等空间展布特征。

3. 储层特征研究

通过对鲁页油1井侏罗系进行取样测试，并结合以往煤炭、油气资源勘查成果，重点是鱼页参 1 井、鲁页参 1 井、汶页 1 井等页岩油气井提取有机碳含量、干酪根类型、有机质成熟度、氯仿沥青"A"等基础页岩油气测试数据，确定全区富有机质泥页岩有机地球化学特征及分布规律，建立全区有效储层层段分布标准。分析页岩油储层基础地质参数，分析富有机质页岩含油性，查明目的层段的裂隙发育特征、含油性特征、储层成藏及赋存规律。

4. 资源潜力评价及有利区优选

结合本区构造沉积及通过各勘查手段获取的页岩油参数，确定鲁西地区页岩油有机地球化学参数、储集参数、构造及保存参数等资源潜力评价指标。选取济宁—鱼台凹陷侏罗系三台组和汶东凹陷古近系大汶口组泥页岩层系作为主要评价层进行了图件编制，包括泥页岩埋深、厚度、总有机碳含量、有机质成熟度等图件。经过各因素图件叠加，选择富有机质泥页岩厚度较大、构造相对平缓、埋深适中、烃源岩生烃程度较高的济宁—鱼台凹陷、汶东凹陷、成武凹陷三处区域，作为鲁西地区页岩油赋存有利区。

三、工作主要成果

通过对鲁西地区以往开展的各项地质勘查工作和本次页岩油资源勘查成果的综合分析，获得主要认识如下：

（1）以往施工物探、钻探工作的高效利用。

以往本区煤炭资源勘查资料丰富，通过以往地震、测井和钻井资料综合分析，结合本次物探和参数井施工，建立一个规范的页岩油识别体系，为本次评价工作顺利开展奠定了基础。

（2）鲁西地区中—新生代地层页岩油资源赋存条件优越，具有较好的找矿前景。

鲁西地区济宁—鱼台凹陷侏罗系三台组、汶东凹陷古近系大汶口组和成武凹陷白垩系分水岭组地层中发育累计厚度较大，油气前景较好的泥页岩层段，也是区内页岩油的主要储集层位。页岩油赋存的泥页岩层段沉积厚度大，生油岩系发育，生—储—盖配置较好，钻井已发现较好的油气显示。基本查明了工作区页岩油资源地质条件与富集成藏规律，针对济宁—鱼台凹陷侏罗系和汶东凹陷古近系两个地质单元，估算了页岩油资源量，圈定了有利区 3 个。

（3）通过资料收集、地震、钻探、测井化验相结合勘查的手段，可以完成预期找矿目的。

本次工作充分利用以往煤炭资源勘查、页岩气煤层气资源勘查的地震、钻探、测井、化验测试成果，合理部署实施二维地震勘查，辅以一口参数井钻测录施工，配以先进的录井测井化验等勘查手段，获取页岩油资源评价参数，并借鉴东营凹陷页岩油资源评价经验方法，切实保障本次资源调查评价项目的顺利实施，并达到全面评价鲁西地区页岩油资源和圈定有利区的勘查目的。

第二章 区域地质概况

工作区大地构造位置位于华北(中朝)板块东部,华北板块—鲁西隆起区(Ⅱ)中整个鲁西南潜隆起区($Ⅱ_2$)及鲁中隆起区($Ⅱ_1$)一部分[15]。这2个Ⅲ级构造单元在沉积作用、岩浆作用、变质作用及构造演化方面具有一定的相似性,同时也存在着巨大差异。同一构造单元中,不同的区域也存在着较大差异。依据这些差异,这2个Ⅲ级构造单元又进一步划分为11个Ⅳ级构造单元、发育24个Ⅴ级构造凹陷,根据以往资料分析[16],对本次鲁西工作的诸凹陷按照评价工作的重要性进行了初步划分,共划分出重点评价区3个,重点调查区5个,一般调查区16个。大地构造单元划分见表2-1,构造边界东到安丘—莒县断裂,西到聊考断裂,北至齐广断裂,南至韩台断裂(图2-1)。

表2-1 调查区大地构造单元划分表

Ⅰ级	Ⅱ级	Ⅲ级	Ⅳ级	Ⅴ级	调查区等级
华北板块	鲁西隆起区Ⅱ	鲁中隆起$Ⅱ_a$	泰山—济南断隆$Ⅱ_{a1}$	安乐潜凹陷$Ⅱ_{a1}{}^2$	一般调查区
				乐平铺潜凹陷$Ⅱ_{a1}{}^2$	一般调查区
			鲁山—邹平断隆$Ⅱ_{a2}$	邹平—周村凹陷$Ⅱ_{a2}{}^1$	一般调查区
			柳山—昌乐断隆$Ⅱ_{a3}$	郑母凹陷$Ⅱ_{a3}{}^1$	一般调查区
			东平—肥城断隆$Ⅱ_{a4}$	肥城凹陷$Ⅱ_{a4}{}^1$	一般调查区
			蒙山—蒙阴断隆$Ⅱ_{a5}$	汶东凹陷$Ⅱ_{a5}{}^2$	重点调查区
				蒙阴凹陷$Ⅱ_{a5}{}^3$	一般调查区
				汶口凹陷$Ⅱ_{a5}{}^4$	重点调查区
			新甫山—莱芜断隆$Ⅱ_{a6}$	泰莱凹陷$Ⅱ_{a6}{}^1$	重点调查区
			马牧池—沂源断隆$Ⅱ_{a7}$	沂源凹陷$Ⅱ_{a7}{}^1$	一般调查区
				鲁村凹陷$Ⅱ_{a7}{}^2$	一般调查区
			沂山—临朐断隆$Ⅱ_{a8}$	临朐凹陷$Ⅱ_{a8}{}^1$	一般调查区
			尼山—平邑断隆$Ⅱ_{a9}$	泗水凹陷$Ⅱ_{a9}{}^1$	一般调查区
				平邑凹陷$Ⅱ_{a9}{}^2$	一般调查区
			枣庄断隆$Ⅱ_{a10}$	马头凹陷$Ⅱ_{a10}{}^3$	一般调查区
				韩庄凹陷$Ⅱ_{a10}{}^4$	一般调查区
		鲁西南潜隆$Ⅱ_b$	菏泽—兖州潜断隆$Ⅱ_{b1}$	成武潜凹陷$Ⅱ_{b1}{}^2$	重点评价区
				汶上—宁阳潜凹陷$Ⅱ_{b1}{}^3$	一般调查区
				济宁潜凹陷$Ⅱ_{b1}{}^5$	重点评价区
				金乡潜凹陷$Ⅱ_{b1}{}^7$	重点调查区
				时楼潜凹陷$Ⅱ_{b1}{}^8$	一般调查区
				黄岗潜凹陷$Ⅱ_{b1}{}^{10}$	一般调查区
				鱼台潜凹陷$Ⅱ_{b1}{}^{12}$	重点评价区
				滕州潜凹陷$Ⅱ_{b1}{}^{13}$	重点调查区

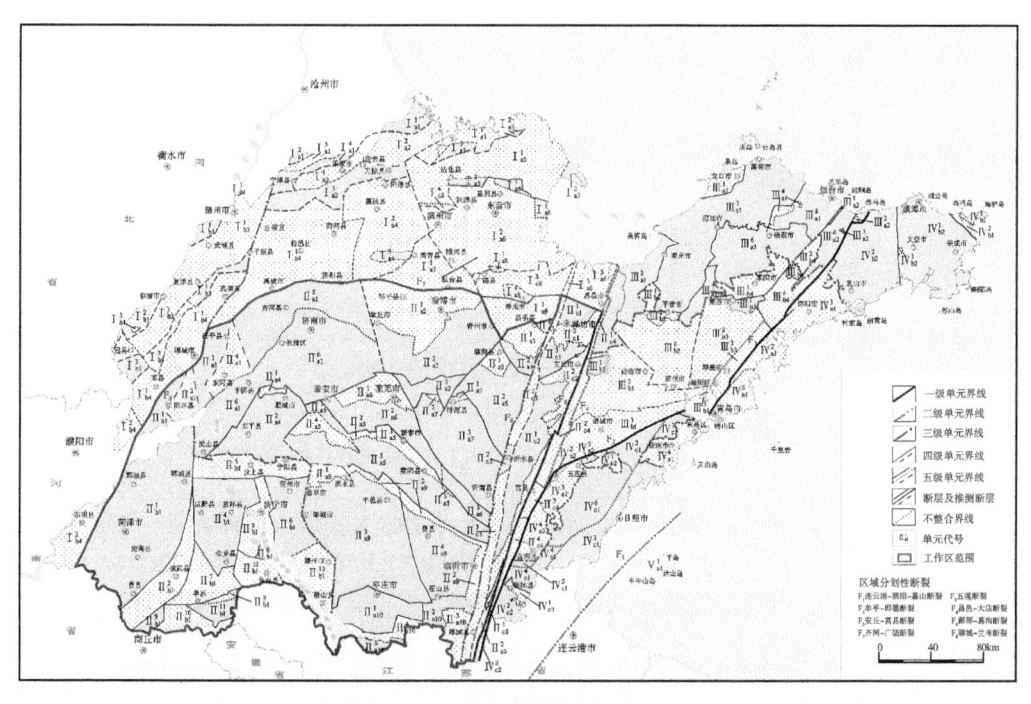

图 2-1　工作区大地构造位置简图

第一节　区域地层

根据地层总体发育情况,工作区在全国地层区划中,属华北地层大区(V)、晋冀鲁豫地层区(V_4),鲁西地层分区(V_4^{10})。区内各段代地层发育比较齐全,出露有太古宇、古元古界、青白口系、震旦系、寒武系—奥陶系、石炭系、二叠系、三叠系、侏罗系、白垩系、古近系、新近系及第四系等年代地层[17](表2-2)。

表2-2　鲁西地区区域地层简表

地层系统			主要岩性特征	厚度
第四系(Q)			黄褐色、棕色、灰色等杂色黏土、黏土质砂、砂、砂砾石层。广布于全区,东北薄、西南厚	0~350m
新近系(N)			棕黄色、黄色、棕红色、杂色黏土、粉砂夹细砂,下部有时夹泥煤薄层,底部常见砂砾。主要分布于西部,地表未出露	0~1000m
古近系(E)			上部杂色黏土岩、粉砂岩夹泥灰岩和石膏层。下部红色黏土质粉砂岩、细砂岩、含砾砂岩,普遍含石膏层。分布于北部和西部	>1000m
侏罗系(J)	淄博群	三台组(J_3k_1s)	上部为灰绿色粉细砂岩互层夹泥岩,下部为红色砂岩,并有燕山晚期岩浆岩侵入,底部有不稳定的砾岩	750m±

续表

地层系统			主要岩性特征	厚度
二叠系（P）		石盒子群（P$_{2-3}$sh）	中上部为杂色泥岩、粉砂岩和灰色砂岩，含植物化石，中夹铝土岩，下部为灰绿色砂岩和杂色泥岩、粉砂岩，富含植物化石	残厚>500m
	月门沟群	山西组（P$_{1-2}$sh）	浅灰色、灰白色中砂岩、细砂岩及深灰色粉砂岩、泥岩夹煤层，为本区主要含煤地层	80m±
石炭系（C）		太原组（C$_2$P$_1$t）	以深灰、灰黑色粉砂岩、泥岩为主，夹灰色砂岩、石灰岩8~12层、煤17~23层，为本区主煤地层，属海陆交互相沉积，厚度稳定	170m±
		本溪组（C$_2$b）	以杂色泥岩为主，底部具G层铝土岩及山西式铁矿层	15m±
奥陶系（O）	中下统	马家沟组（O$_{2-3}$m）	为浅海相白云质石灰岩、白云岩、泥灰岩、豹皮石灰岩、石灰岩	570~757m
寒武系（∈）	上	九龙群（∈$_3$—O$_1$J）	上部为潟湖相白云岩、白云质石灰岩，含燧石结核。中部为鲕粒灰岩、泥质条带石灰岩夹竹叶状砾屑灰岩。下部为灰色竹叶状碎屑灰岩、泥晶灰岩、黄绿色页岩韵律沉积。底部为灰色鲕粒灰岩与灰白色藻凝块灰岩的互层	86~272m
	中下	长清群（∈$_{2-3}$CH）	暗紫色砂质页岩和杂色石灰质白云岩夹鲕粒灰岩、生物碎屑灰岩及薄层砂岩。下部为黄灰色含燧石结核灰质白云岩，底部为薄层石灰质页岩	228m±
震旦系亚界土门群（Qb-ZT）			为灰黄色硅质灰岩	0~30m
太古代泰山群（A$_{t3}$T）			主要为深变质的变质岩系及太古代晚期侵入岩	>6000m

一、新太古界

泰山岩群：出露于莱芜凹陷北部边缘及汶西—汶东—蒙阴凹陷带东北边缘和汶上—泗水凹陷带的东北边缘，为一套普遍遭受中高级区域变质作用的变质岩系，并经受了强烈的混合岩化和花岗岩化作用，岩性有多种变质岩、混合岩化变质岩、混合岩及混合花岗岩等，片麻岩为主，闪长角闪岩、角闪岩次之。

二、古生界

与整个华北地台一样，下古生界寒武系、奥陶系以海相碳酸盐类沉积为特征；上古生界石炭系、二叠系是海陆交互相碎屑岩、碳酸盐岩及陆相碎屑岩沉积。

（一）寒武系和奥陶系

出露于莱芜凹陷南北边缘、汶西—汶东—蒙阴凹陷带东南边缘、汶上—泗水凹陷带的东南部边缘，各凹陷内部覆盖区也都有分布。寒武系厚约600m，岩性为泥岩、页岩、各种不纯石灰岩、鲕状石灰岩和竹叶状石灰岩，与下伏新太古代泰山群为不整合接触；下—中奥陶统厚约1000m，下部岩性为含燧石白云质石灰岩，上部为厚层状石灰岩和豹皮石灰岩。

(二) 石炭系

(1) 月门沟群本溪组(CyB)。

为一套紫红色、杂色铁铝质泥岩、铝土岩及紫红色、黄灰色泥岩、细砂岩组合，主要为滨浅海砂泥岩相，局部夹潟湖沼泽相。受古地形影响，各地厚度变化较大，宁汶煤田厚度2~12m，济宁一带仅厚3.9m。与下伏奥陶纪马家沟组呈平行不整合接触。顶部以石灰岩出现划界，与上覆太原组整合接触。

(2) 月门沟群太原组(C—PyT)。

岩性为灰色调的泥岩、铝土岩、砂岩、石灰岩夹煤层。顶底分别以稳定的石灰岩结束、出现为界，与下伏本溪组和上覆山西组为整合接触，为一套海陆交互相含煤沉积。太原组岩性组合横向变化不大，但岩层厚度、泥岩与砂岩含量及比例、石灰岩层数、含煤层数横向差异较大。该组在宁阳一带发育完整，地层厚度一般为170~195m，地层中含煤层一般6~7层，厚4~6m。在济宁、枣庄一带，厚度达214~236m，煤层一般为11~14层，厚度在5.8~15.4m之间，可采性普遍较差，主要为煤线。

从以上资料可以看出，太原组在各地区发育程度有所差异，沉积厚度由北而南逐渐增厚，石灰岩与煤层夹层逐渐增多，物质成分从结构上看砂岩、泥岩之比自北而南有逐渐增大之势。太原组泥页岩发育，是页岩油气的主要赋存层位之一。

(3) 月门沟群山西组($P_{1-2}sh$)。

以黏土岩、细砂岩及粉砂岩为主，夹煤层，整体色调呈灰色—深灰色，为海陆交互相含煤沉积。底界以石灰岩结束划界，与下伏太原组整合接触，顶以大套粗砂岩出现划界，与上覆石盒子组黑山段砂岩整合接触。该组在宁阳一带据钻孔揭露发育齐全，以灰色—深灰色中粒砂岩、细砂岩、粉砂岩及泥岩为主夹煤层，地层厚度为76.0~163.9m，夹煤层增多，达7层，总厚6.49m。在济宁一带厚76~148m，枣庄一带厚127m左右，岩性以灰色—深灰色细砂岩、粉砂岩、泥岩、灰白色中粒砂岩为主夹煤层，一般含两层煤，单层厚度大，为该区主要可采煤层。

综上所述，山西组从地层厚度、岩性、含煤层等方面，在各地差异比较大，厚度整体显示北东厚、南西薄的特点。从岩性上看，济宁、枣庄一带砂岩比例较大，自南西向北东有增厚变粗之势。所含煤层，南北差异明显，肥城—平邑地层小区以北，煤层较多，但煤层均较薄，可采煤一般仅有两层；济宁—临沂地层小区，含煤一般2~3层，可采煤一般都有2层，且单层厚度大，横向变化稳定，是该区主要的采煤层，具有重要的工业价值。

月门沟群中最可能含页岩油气的层段为太原组，通过煤田多年的勘查，认为太原组中厚—厚层的海相泥岩中有机质含量丰富，在煤炭资源勘查取心的过程中，曾发现泥岩浸泡在钻井液池中产生气泡的现象。

(三) 二叠系

石盒子组($P_{2-3}sh$)。

石盒子组在岩性上主要是一套以黄绿色、灰绿色砂岩，紫红色、灰紫色泥岩夹铝土岩、灰黑色页岩及煤线组成。底以泥岩基本结束、黄绿色砂岩大量出现为界，与下伏山西组为连续沉积、整合接触，顶以石千峰群底部紫色砂砾岩底面为界，与之呈平行不整合、局部不整合接触。本组地层各地发育不均匀，鲁南及鲁西诸煤田较薄，一般在150m左右，有时可达160m。具有东北厚、向西南变薄的趋势，其厚度变化主要受山西组砂岩，尤其是$3_下$煤与$3_上$煤之间砂岩及$3_上$煤顶板砂岩的制约，若该砂体增厚，则山西组厚度增大，而石盒子组厚度变薄；反之，山西组厚度变薄，石盒子组厚度增大，这也说明山西组与石盒子组的分界面，是一种穿时的界面。石盒子组底部砂岩，为河流相沉积，横向极不稳定，因此，各地区石盒子组底界砂岩，都是一系列穿时的砂体，其底界面大致由北或东北向西南抬升。由下向上沉积物粒度愈来愈细，紫色愈来愈多。

总体上可分为砂岩→粉砂岩与泥岩互层→砂岩→泥岩夹粉砂岩两大沉积旋回，主要是河湖相沉积，但孝妇河段的中上部夹有十多米深灰色—黑色泥岩，含腕足类化石(*Lingula sp.*)，应属于海湾沉积。含丰富的植物化石，不含可采煤层，仅见有薄煤线。根据岩性由老而新分为黑山段、万山段、奎山段、孝妇河段4个段。

三、中生界

区内中生代地层主要发育侏罗纪淄博群三台组，全隐伏于第四系之下，不整合于上下石盒子组、山西组、太原组之上。主要由砖红色、紫红色砂岩、粉砂岩间夹砾岩组成，三台组按岩性特征分为上下两个亚段，下亚组含一段、二段、三段，上亚组含四段、五段。分段叙述如下：

（1）三台组下亚段。

第一段：以砖红色黏土质细—中砂岩为主，含铁质，胶结较松散。底部常发育有一层砾岩，成分以石英岩为主，石灰岩次之，铁泥质胶结，较坚硬，具裂隙。

第二段：为暗紫色、紫红色细—中砂岩，下部夹泥岩薄层，底部常含砂砾岩或砾岩层。

第三段：主要为紫灰色、暗紫色中砂岩、细砂岩，顶部含较多的粉砂岩、细砂岩，且常夹有灰色及灰绿色岩层。本段中部、下部侵入有灰绿色辉长岩层状侵入体，厚度7.60~159.00m，平均100.44m，呈岩床存在，主要含角闪辉长岩及橄榄辉长岩等。岩浆岩顶底部及其邻近的本段砂岩内裂隙较发育，砂岩受岩浆烘烤而变硬，颜色变浅形成含水段。

（2）三台组上亚段。

第四段：为灰色、深灰色、灰绿色粉细砂岩互层，以粉砂岩为主，夹泥质粉砂岩、泥岩和较多的泥质条带，尤以下部为多，且常夹有紫灰色岩层。

第五段：为较单一的灰色、灰绿色粉细砂岩互层，以细砂岩为主，多为泥质、钙质胶结，下部含数十米厚的叶肢介化石层，并常见鱼化石。

四、新生界

鲁西隆起区新生界主要包括古近系、新近系和第四系。古近系主要分布在汶东凹陷，发育大汶口组和固城组，新近系主要分布在鲁西北凹陷区，第四系在整个鲁西地区都有分布。

（一）古近系大汶口组（$E_{2-3}d$）

调查区内大汶口组为含矿的古近纪始新世—渐新世碎屑岩—泥质碳酸盐—硫酸盐沉积建造，大汶口盆地与汶东盆地中均有发育。该组为含石膏、石盐、钾盐和自然硫的浅湖相沉积岩系。大汶口组自下而上可分为三个岩性段，自然硫矿主要赋存在中段。

1. 大汶口组下段（E_2d^1）

不整合于下伏岩系之上的一套由灰色、灰褐色、紫红色、棕红色泥岩、页岩、油页岩、泥灰岩、石膏岩、盐岩等组成的岩石。底部为砾岩，砾径大，排列无序；中部砂砾岩增多，碎屑有分选性，填隙物增多，以泥质为主，成层；上部细碎屑组分多，出现砂岩、砾岩、泥岩互层。从下到上总趋势是由粗变细，呈节奏性韵律。砾石多呈棱角状，浑圆状较少。该段厚129~188m。

2. 大汶口组中段（E_2d^2）

主要为灰色泥岩夹石膏岩、盐岩、自然硫、油页岩等，为含矿段。与大汶口组下段为连续沉积，在盆地内分布广泛。是一套咸水、淡水交替还原湖相的油页岩、石膏、泥岩、白云岩互层的沉积岩组合。下亚段为含石膏层位，由硬石膏与石膏矿层、泥灰岩、页状泥灰岩、白云质泥灰岩和白云岩互层组成；上亚段为含自然硫层位，由页状泥灰岩与泥灰岩，间有少量油页岩、白云质泥岩、白云岩和砂砾岩组成（这些岩层中均含有自然硫），发育有两个自然硫矿带。该段最大厚度1769m。

3. 大汶口组上段（E_3d^3）

以灰色泥岩、页岩、泥灰岩为主，亦含有石膏岩、油页岩。底部有一层较稳定的砂岩、砂砾岩，含砂质灰岩与大汶口组中段分界；中下部为厚层泥质灰岩夹砂岩、灰岩，纹层发育；上部为泥岩，钙质泥岩夹少量砂岩。厚18~480m。

（二）新近系（N）

厚度0~1100m。新近系中—上新统属于华北地台区域性下降的产物，主要发育杂色、棕红色砂泥岩地层，在局部地区发育黏土岩、石灰质页岩、硅藻土页岩、淡水石灰岩及玄武岩等。鲁西隆起区发育的地层包括有牛山组、山旺组、尧山组等，其中山旺组是著名的中新统，在山东临朐产有丰富的多门类珍贵的动植物化石，保存精美良好，仅哺乳动物就有90多种之多。为了与区域地层更好地对比，这里采用渤海湾盆地的分层方案，仍沿用馆陶组和明化镇组的名称。

1. 中新统馆陶组

下部岩性为浅灰色、灰白色、杂色砂质岩夹棕灰色、杂色黏土岩；中部为棕色（局部灰绿色）黏土岩与浅棕色、棕白色粉砂岩呈不等厚互层；上部为棕色、浅棕色黏土岩夹浅棕色、棕白色粉砂岩。化石有纯净小玻璃介（*Candoniella albicans*），土星介（未定种、*Ilyocypris sp.*），湖花介（未定种、*Limnocythere sp.*）。与下伏古近系呈不整合接触。

2. 中—上新统明化镇组

岩性下部为浅棕色、棕色黏土岩与浅棕色、棕白色粉—细砂岩呈略等厚互层；上部为浅棕色、黄绿色黏土岩、粉砂质黏土岩与浅棕色、灰黄色细砂岩呈略等厚互层。化石有：布氏土星介（比较种，*Ilyocypris cf. bradyi*）, 纯净小玻璃介（*Candoniella albicans*）等。该套地层超覆于馆陶组之上，二者呈假整合接触。

（三）第四系（Q）

厚度 0~300m。第四系包括更新统和全新统，是地质历史上最新的沉积层，主要为灰黄色半固结或松散状砂砾层及黏土，为河流流域的近代沉积物及丘陵地区的残积物。

上述新生界分布的特点为东老西新、北老南新，东部蒙阴凹陷孔店组出露地表，而西部各凹陷孔店组之上保存了沙河街组。地层接触关系上，西部成武凹陷新近系馆陶组不整合于古近系之上，而在中部的几个凹陷，第四系与古近系直接接触。这种现象明显是受构造整体升降及断层活动控制的结果。

第二节 区域构造

一、区域构造演化

纵观地质发展史，盆地经历了多次构造运动与地层演化，其形成与演化大体可划分三个阶段。

（一）太古代—中新元古代结晶基底形成阶段

山东省早前寒武纪基底由鲁东地块、鲁西地块和德州地块组成。盆地结晶基底经历了多次构造运动，如阜平、五台、滹沱和中条等，遭受了变质作用及复杂的塑脆性形变，期间不断有岩浆侵入活动。形成统一的由一套深变质的花岗质岩系组成的结晶基底。

（二）古生代海陆交替阶段

全域同步缓慢沉降是早古生代特征，这个时期内，鲁西地区以碳酸盐沉积为主。晚奥陶世之后，板块的汇聚俯冲造成了鲁西地区的整体抬升与剥蚀，从而缺少自晚奥陶世开始，一直到泥盆纪结束的沉积。晚古生代，华北地台下沉，造成了一次大规模的海侵事件，发育了潮坪沉积、障壁—潟湖沉积及三角洲相沉积和河湖相沉积形成的一套砂泥岩互层沉积。

（三）以断陷活动为主的中生代、新生代盆地形成阶段

进入中生代，随着郯庐断裂带的活动加剧，鲁西地区进入一个以断陷盆地沉积为主的时期。其中，鲁西南地区因构造运动形成地垒地堑相间的构造形态，在地堑区，晚古生代含煤地层得到较好保存，形成了今天的鲁西能源基地；与此同时，鲁西北地区进入沉降时期，在济阳坳陷等区块形成了一套巨厚的碎屑沉积。

二、构造发育概况

工作区构造较为发育，脆性断裂是工作区中生代以来最主要的构造变形方式，在区内分布极广，并经常构成断块的边界，控制了主要的构造面貌。工作区断裂除少数新生代断裂外，多为继承性断裂，在印支期、燕山期及喜马拉雅期，随着太平洋板块的活动，均经历了多次应力转换，因而其力学性质及构造演化均非常复杂[18]。

（一）褶皱构造

分基底褶皱构造和盖层褶皱构造简述如下。

1. 基底褶皱构造

由新太古代泰山群构成，是由一系列紧密的背斜、向斜相间排列组成，褶皱轴向为300°~340°，并近于平行展布，片理方向多呈北西向。由于强烈褶皱，地层产生同向复背斜、复向斜或倒转褶皱等现象。褶皱轴向为北西向或北北西向，倾向以南西向为主，少数为北东向，倾角50°~80°。复背斜的核部由遭受强烈区域变质作用和混合岩化作用的泰山群混合花岗岩或交代式花岗岩组成。

2. 盖层褶皱构造

震旦系土门组仅在区内东南部近沂沭断裂附近有分布。寒武系、奥陶系分布较为广泛，在整个鲁西隆起区多有分布，产状平缓（10°左右），以单斜构造为主，局部形成一些开阔的短轴背斜、向斜。石炭系—二叠系多处于上述向斜的核部，为主要含煤向斜。中生代地层主要分布于断陷之中，褶皱不发育。

（二）断层构造

鲁西隆起区断层构造极为发育，主要有近东西向、近南北向、北西向和北北东—北东向四组。

1. 近东西向断层

从南往北有凫山断层、汶泗断层等。该组断层总体走向为近东西向，表现为以北东向、北西向两组断层衔接而成，呈锯齿状东西延伸，倾角多在70°以上，皆为高角度正断层。这些断层多数是划分东西向凹陷与凸起的分界断层，它们控制着中生代凹陷的成生及其发展，并具有多期活动的特点。中生代、新生代地层的分布受其控制，尤以古近系受其控制更加明显。该组断层从侏罗纪到新生代都有不同程度的活动。

2. 近南北向断层

该组断层在鲁西地区最为发育，基本都被第四系所覆盖，从西向东有曹县、巨野、嘉祥、孙氏店及峄山共五条断层。断层总体走向为近南北向，摆动较大，平面展布多呈弧形或锯齿状，切割东西向断层，断层倾角在70°以上，属高角度正断层。这些断层同东西向断层一样，是划分凸起与凹陷的分界断层，主要是中生代、新生代燕山期和喜马拉雅期形成，具长期多次活动的特点，以燕山期最为发育，对中生代、新生代凹陷的形成和发展起着控制作用。

3. 北西向断层

该组断层在鲁西隆起区的东部露头区广泛发育，如铜冶店—蔡庄、新泰—垛庄、蒙山等断层，它对东部一些凹陷的发生及发展起着主导作用。倾角多为60°~80°，属高角度正断层。往往几条互相平行的断层构成断裂。断层性质表现极为复杂，既显压性又显张性，还兼有扭性，这反映了断层活动的多期性和多样性。该组断层形成的时间逐渐递变，南东段早、北西段较晚。从断层下降一侧所控制的地层分析，南东段活动始于早侏罗世，早白垩世剧烈活动，形成了早白垩世的火山碎屑沉积。至始新—渐新世又活动，表现为边断边沉积，控制了孔店组（官庄组）沉积。总之，随着时间的推移，凹陷的沉降中心都相应地由东向西迁移，说明断层的形成有一个由东向西逐渐发展的过程。另外，断层的南西盘下降、北东盘上升，落差较大，构成北断南超的阶梯状断层，地貌特征突出，有的形成断层崖。

4. 北北东—北东向断层

除东西两条边界的沂沭深断裂和兰聊断裂外，区内北东向断层不甚发育。与凹陷有成生关系的有曹县断层、东阿断层、大王庄断层、肥城断层（西段）等。其特点是：断层走向变化较大，北东向25°~60°，断面倾角多为60°~80°，属高角度正断层，它包括李四光教授所说的"新华夏系"和"泰山式"断层。其中有些断层与北西向断层相交，如前所述的铜冶店—蔡庄断层与大王庄断层相交，由于后期多次活动，特别是中生代以后，在两组断层交接处，往往形成弧形转折，即所谓弧形断层。该组断层既显张性又表现压性兼扭性，不仅显示了断层错动方向不同，还显示了断层活动的多期性。

第三节　侵入岩

工作区侵入岩发育分布零星，出露面积约180km^2，占总面积的1.3%左右。

主要分布于1∶50000西疏、障城幅葛石镇—蒋集镇、白石乡、安驾庄镇、堽城镇、州城镇水河村等地，1∶50000鲁桥幅两城镇—滨湖镇一带，以及邹县北部、东南部等地。空间上构成北西—南东方向展布的山系，岩石类型从基性岩—中性岩—酸性岩均有出露，其中以中酸性为主，形成时代主要为新太古代和中生代，呈岩株、岩枝、岩脉状产出。火山岩为石前庄组流纹质熔结凝灰岩、珍珠岩、浅褐灰色英安岩等（据兖州区小孟乡河庄钻孔资料）。中生代侵入岩形成于印支期—燕山晚期岩浆活动期，零星出露，可划分为济南和卧福山2个序列，燕翅山、刘鲁庄和兴隆庄3个岩体。主要分布于1∶200000济宁幅东疏镇疏里村北部及葛石镇凤凰山东一带，另外，根据钻孔资料，在兖州区小孟乡河庄见有中生代青山群石前庄组火山碎屑岩，主要为一套棕色—棕红色流纹质熔结凝灰岩、珍珠岩、浅褐色英安岩组合。

工作区脉岩较为发育，但是规模较小，主要形成于燕山晚期岩浆活动期，有闪长玢岩脉、正长花岗斑岩脉、粗斑花岗闪长斑岩脉、细晶岩脉、石英脉、伟晶岩脉等[19]。

第三章　鲁西地区页岩油基本地质条件分析

第一节　鲁西页岩油资源评价重点工作区优选

本次工作按照任务书要求，在对重点有利区二维地震勘查和参数井验证之前，广泛收集了鲁西地区已有的区域地质、钻井、测井及相关成果报告资料，进行了整理分析。根据前期油田、煤田钻井揭露情况，按照"点面结合、重点突出"的原则，对本次鲁西工作的诸凹陷页岩油赋存地层及重点评价区进行了优选。

一、工作区目的层段优选

鲁西地区大地构造位置位于华北（中朝）板块东部，华北板块—鲁西隆起区（Ⅱ）中整个鲁西南潜隆起区（Ⅱ$_2$）及鲁中隆起区（Ⅱ$_1$）一部分。这2个Ⅲ级构造单元在沉积作用、岩浆作用、变质作用及构造演化方面具有一定的相似性，同时也存在着巨大差异。同一构造单元中，不同的区域也存在着较大差异。依据这些差异，这2个Ⅲ级构造单元又进一步划分为11个Ⅳ级构造单元、24个Ⅴ级构造凹陷。

据已有资料表明，鱼页参1井在井深898m处开始见油苗显示，最终获取了含油岩心101m，该套地层在2007年煤炭勘查的YJ1井中也得以发现，在针对岩心开展了系列测试工作后，发现中生代（侏罗系）泥页岩地层中含油率5%~10%。现场气测录井数据明显升高，具有良好的油气显示。

通过地调局实施汶页1井及胜利油田实施的有原油返至井口的鲁1井和ZK18井揭示了汶东凹陷的古近系包括固城组和大汶口组含有丰富的页岩油气。通过地层对比，固城组对应济阳坳陷的孔店组三段，大汶口组下段对应孔店组一段、二段，大汶口组中段对应沙河街组四段，大汶口组上段对应沙河街组三段，洼陷储集类型多样，包括砂岩、泥灰岩、页岩、膏岩均可作为储层，以泥灰岩储层为主。汶页1井累计揭露页岩油地层93段，累计厚度达202m，最大含油饱和度达30%，部分含油岩心可燃。

由此，结合中原油田在其探区外围进行的上古生界（石炭系—二叠系）的油气勘探和研究，确定本次页岩油勘查在鲁中地区的大汶口盆地、汶东凹陷等区域开展新生界大汶口组页岩油气调查，以及在鲁西地区保留中生代地层盆地开展侏罗系页岩油气调查二个主要工作方向。

二、工作区重点评价凹陷优选

鲁西地区构造边界东到安丘—莒县断裂、西到聊考断裂、北至齐广断裂、南至韩台断裂，共划分为24个凹陷(表3-1)。保存有中生代、古近纪地层的凹陷主要有：济宁—鱼台凹陷、成武凹陷、滕州凹陷、汶上—宁阳凹陷、曲阜凹陷、汶东凹陷。

表3-1 调查区大地构造单元划分表

Ⅰ级	Ⅱ级	Ⅲ级	Ⅳ级	Ⅴ级
华北板块	鲁西隆起区Ⅱ	鲁中隆起Ⅱ$_a$	泰山—济南断隆Ⅱ$_{a1}$	安乐潜凹陷Ⅱ$_{a1}^2$
				乐平铺潜凹陷Ⅱ$_{a1}^2$
			鲁山—邹平断隆Ⅱ$_{a2}$	邹平—周村凹陷Ⅱ$_{a2}^1$
			柳山—昌乐断隆Ⅱ$_{a3}$	郑母凹陷Ⅱ$_{a3}^1$
			东平—肥城断隆Ⅱ$_{a4}$	肥城凹陷Ⅱ$_{a4}^1$
			蒙山—蒙阴断隆Ⅱ$_{a5}$	汶东凹陷Ⅱ$_{a5}^2$
				蒙阴凹陷Ⅱ$_{a5}^3$
				汶口凹陷Ⅱ$_{a5}^4$
			新甫山—莱芜断隆Ⅱ$_{a6}$	泰莱凹陷Ⅱ$_{a6}^1$
			马牧池—沂源断隆Ⅱ$_{a7}$	沂源凹陷Ⅱ$_{a7}^1$
				鲁村凹陷Ⅱ$_{a7}^2$
			沂山—临朐断隆Ⅱ$_{a8}$	临朐凹陷Ⅱ$_{a8}^1$
			尼山—平邑断隆Ⅱ$_{a9}$	泗水凹陷Ⅱ$_{a9}^1$
				平邑凹陷Ⅱ$_{a9}^2$
			枣庄断隆Ⅱ$_{a10}$	马头凹陷Ⅱ$_{a10}^3$
				韩庄凹陷Ⅱ$_{a10}^4$
		鲁西南潜隆Ⅱ$_b$	菏泽—兖州潜断隆Ⅱ$_{b1}$	成武潜凹陷Ⅱ$_{b1}^2$
				汶上—宁阳潜凹陷Ⅱ$_{b1}^3$
				济宁潜凹陷Ⅱ$_{b1}^5$
				金乡潜凹陷Ⅱ$_{b1}^7$
				时楼潜凹陷Ⅱ$_{b1}^8$
				黄岗潜凹陷Ⅱ$_{b1}^{10}$
				鱼台潜凹陷Ⅱ$_{b1}^{12}$
				滕州潜凹陷Ⅱ$_{b1}^{13}$

滕州凹陷中生代埋深为30~200m，厚度在0~1000m之间。在滕南地区，主要发育三台组，以一套紫红色砂岩为主，暗色泥质沉积较少。在滕北、滕东地区，可见到三台组上部，但三台组的中下段不甚发育。在滕北区和滕东区，三台组上部以大套浅灰色粉砂岩或粉细砂岩互层为主，夹细砂岩。含有动物化石及碎屑，为滨浅湖沉积。从生—储—盖组合上看，滕州凹陷中生代暗色泥质沉积较少，埋深浅，保存条件较差，因此滕州凹陷中生代

地层不作为本次工作的重点。

汶上—宁阳凹陷中生代埋深为400~1000m，厚度在500~1400m之间。侏罗系仅分布在宁阳地区，岩性以粉砂岩、泥岩为主，尚未发现良好的烃源岩，石油地质条件需要进一步落实。

曲阜凹陷中生代埋深为0~120m，厚度在0~800m之间，暗色泥岩沉积薄，埋深浅、保存条件差。拳铺凹陷中生代埋深为300~1600m，厚度在0~1400m之间，前期调查未发现好的富含有机质泥页岩或油气显示，石油地质条件需要进一步落实。

通过汶东凹陷相关资料的收集和分析，凹陷内施工多口油气探井显示，在古近系大汶口组发育良好的页岩油烃源岩，该区作为本次资源工作重点区，已系统分析梳理以往资料为主。

济宁—鱼台凹陷在前期施工的鱼页参1井、YJ1井发现中生代(侏罗系)泥页岩含油，在王楼煤矿顶板见到多处渗油点，从构造条件及优势储层分析，推测存在从中生代泥页岩中运移聚集的可能。为进一步明确济宁—鱼台凹陷页岩油资源前景，由点及面，进一步推进鲁西地区页岩油勘探步伐，本次页岩油资源调查评价在该凹陷部署二维地震测线2条，达到控制济宁凹陷构造的主要目的，对东部的济宁断层、西部的嘉祥断裂两个对页岩油的运移起到决定性作用的断裂构造进行详细的纵向追踪和控制；部署参数井1口，取全取准该区页岩油评价关键参数。该区调查评价工作也是本次工作的重点。

成武凹陷与济宁—鱼台凹陷具有相似的地层组合，构造条件有利，本次页岩油资源调查评价为达到控制成武凹陷构造的主要目的，对东部的巨野断层、西部的曹县断层两个对页岩油的运移起到决定性作用的断裂构造进行详细的纵向追踪和控制。部署二维地震测线1条。通过对地质构造及沉积特征分析结合地震时间剖面等初步了解构造及岩性空间展布，为优选页岩油勘查靶区、下一步部署探井提供依据。

综上所述，本次页岩油资源调查评价以综合地质研究为基础，遵循地质工作规律，按照勘探程序，立足长远、突出重点，优选后的重点凹陷、重点层位工作为：综合分析已收集资料，评价汶东凹陷大汶口组页岩油气资源；在前期资料的基础上，通过二维地震勘查，结合鱼页参1井钻井资料及实施参数井取全页岩油评价关键参数，对济宁—鱼台凹陷侏罗系三台组进行页岩油资源评价；对与济宁—鱼台凹陷地层类似的成武凹陷通过二维地震勘查初步了解构造及岩性空间展布，初步评价页岩油资源，为下一步勘探工作打基础。

第二节 页岩油储层地层格架

根据区域地质构造、鲁西地区地层发育特征及部分凹陷内钻井的油气显示情况，确定本区主要页岩油富集层段集中于侏罗系三台组、古近系大汶口组，其中侏罗系三台组以济宁—鱼台凹陷最为典型，古近系大汶口组以汶东凹陷最为典型，成武凹陷发育良好的侏罗系，与济宁鱼台凹陷有类似性，是下一步工作的重点。本次评价的各项工作均针对以上层段开展。

一、鲁西地区地层格架

鲁西隆起属于华北地台的一部分，根据凹陷边缘基岩出露情况，以及第四系覆盖区的一些钻井资料，得知本区基底为太古宇，其上发育有古生界、中生界、新生界三套沉积地层，其中前中生界与华北地台基本一致。

古生界地层沉积时同整个华北地台一致，属于陆表海相沉积、海陆交互相沉积和陆相河流三角洲沉积，这里不再赘述。印支—燕山运动使鲁西隆起大范围抬升遭受剥蚀，缺失了三叠系。

（一）中—下侏罗统

早—中侏罗世，隆起区上曹县断层、峄山断层、汶泗断层、蒙山断层、新泰—垛庄断层、大王庄断层等开始活动，形成一系列断陷湖盆，沉积了中—下侏罗统陆相河流相地层[20]，晚侏罗世鲁西隆起区整体抬升遭受剥蚀，形成沉积间断。

（二）下白垩统

早白垩世，鲁西隆起上先期形成的一系列断层重新活动，凹陷区再次接受沉积，早期发育一套暗色泥岩夹砂岩的湖泊相沉积，晚期火山活动增强，发育了一套火山喷发相—碎屑岩相沉积地层。晚白垩世全区抬升遭受剥蚀。

（三）新生界古近系

古—始新世鲁西隆起受喜马拉雅运动影响，在原有断层的基础上，又新发育多组断层，形成一系列规模较小的断陷湖盆，如成武、鱼台、汶东、汶西及汶泗凹陷带等凹陷，接受了厚度不一的古近系陆相河流—湖泊相沉积地层，凹陷中心发育半深湖—深湖相，断层下降盘发育大小不一的冲积扇和河流相沉积。渐新世末，喜马拉雅运动Ⅱ幕使鲁西隆起整体抬升，各断陷湖盆结束沉积。

（四）新生界新近系及第四系

新近纪和第四纪鲁西隆起与渤海湾盆地一同整体下沉，接受了一套黄褐色、棕色泥岩、砂砾岩、软泥岩等坳陷层沉积。

二、三台组地层特征

淄博群三台组发育于中侏罗统，在济宁—鱼台凹陷最为典型，其上部为灰绿色粉细砂岩互层夹泥岩，下部为红色砂岩，并有燕山晚期岩浆岩侵入，底部有不稳定的砾岩，平均厚度为750m左右。

鱼页参1井发育了完整的三台组，鱼页参1井井段为299.0～1804.0m，视厚度为1505m。主要岩性为上部地层灰绿色、灰色粉细砂岩互层夹泥岩，下部地层红色、褐红色砂岩、砂砾岩，并有70m火成岩侵入层。根据岩石组合特征，该组可分为三段。

三台组三段：井段299.0～695.0m，视厚度为766.0m。本段可分为上、中、下三部分。

（1）上部(299.0～444.0m)，灰色、灰绿色、棕红色粉砂岩为主，含灰色、棕红色细砂岩。该段地层顶部以浅灰色粉砂岩、细砂岩、泥质粉砂岩为主，该段地层泥质含量高，颜色较深，说明该段地层的沉积水体深度较大。下部以灰绿色和棕红色砂岩与粉砂岩互层，说明该段水体较浅，该段地层沉积过程中经历了一段水体由浅到深的过程。

（2）中部（444.0～524.0m），灰色粉砂岩与棕红色泥质粉砂岩互层，上部含灰色细砂岩次之，可见方解石脉，钙质含量高，滴盐酸剧烈起泡。中部地层水体深度出现振荡，变化较快，而且灰色泥岩中含钙质较多，说明该段地层沉积期气候变化较快。

（3）下部（524.0～695.0m），灰色、灰绿色、灰白色细砂岩为主，棕红色粉砂岩次之，下部含少量棕红色粉砂质泥岩，钙质含量高，滴盐酸剧烈起泡。下部地层以砂岩为主，单层砂体厚度大，粒度属于三台组三段中最粗的，是一期小规模构造运动形成的一期旋回的底部。

三台组二段：井段695.0～1398.0m，视厚度为703.0m。本段也分为上、中、下三部分。

（1）上部（695.0～980.0m），灰色、深灰色泥岩、细砂岩、色粉砂岩互层，钙质含量高，滴盐酸剧烈起泡，顶部地层泥岩为主，向下砂岩含量逐渐增加。该段地层整体以还原色为主，沉积时期水体较深，泥岩厚度较大，钙质含量较高。

（2）中部（980.0～1090.0m），深灰色粉砂质泥岩、泥质粉砂岩、粉砂岩互层，钙质含量高，滴盐酸剧烈起泡，多层有微量荧光显示。该层段是该井三台组油气显示最活跃层段，地层以深灰色为主，钙质含量高，该层段属于三台组水体最深的沉积地层，有利于油气的生成和保存。

（3）下部（1090.0～1398.0m），灰色粉砂岩、细砂岩互层，含少量灰色泥质粉砂岩及褐色细砂岩，钙质含量高，滴盐酸剧烈起泡。该段地层也是一期小规模构造运动形成的一期旋回的底部。

三台组一段：井段1398.0～1804.0m，视厚度为406.0m。本段也分可为上、中、下三部分。

（1）上部（1398.0～1548.0m），褐红色细砂岩为主，含少量浅绿色粉砂岩，下部含少量浅灰色中砂岩。该段地层是三台组沉积的构造运动期形成，粒度粗，水体浅，属于构造层序的低位域沉积。

（2）中部（1548.0～1618.0m），灰黑色火成岩，全晶质结构，暗色矿物含量35%，浅色矿物含量65%，斑状构造，坚硬、致密，为一套侵入岩。

（3）下部（1618.0～1804.0m），同上部地层，褐红色细砂岩为主，含少量浅绿色粉砂岩，局部发育灰白色砂砾岩，说明该段地层属于该期构造的初期，形成了大量的粗粒快速沉积。

鲁页油1井也发育较为完整的三台组（290.0～1209.0m），该地层也分为三段（图3-1），其中在三台组二段的中上部也发育较好的油气显示，显示位置在三台组二段的中上部，与鱼页参1井中的主要油气显示位置在三台组二段的中部略有差异。三台组三段中发育了115m的火成岩地层（860.0～975.0m），该段地层位于三台组三段的上部，而鱼页参1井中火成岩位于三台组三段的中部，所以该火山侵入岩为穿层侵入，非顺层侵入。从岩性分析，该段火成岩为一段结晶程度较好的浅层侵入岩，因而该火成岩对临近地层的烃源岩成熟度也起到了加速的效果。

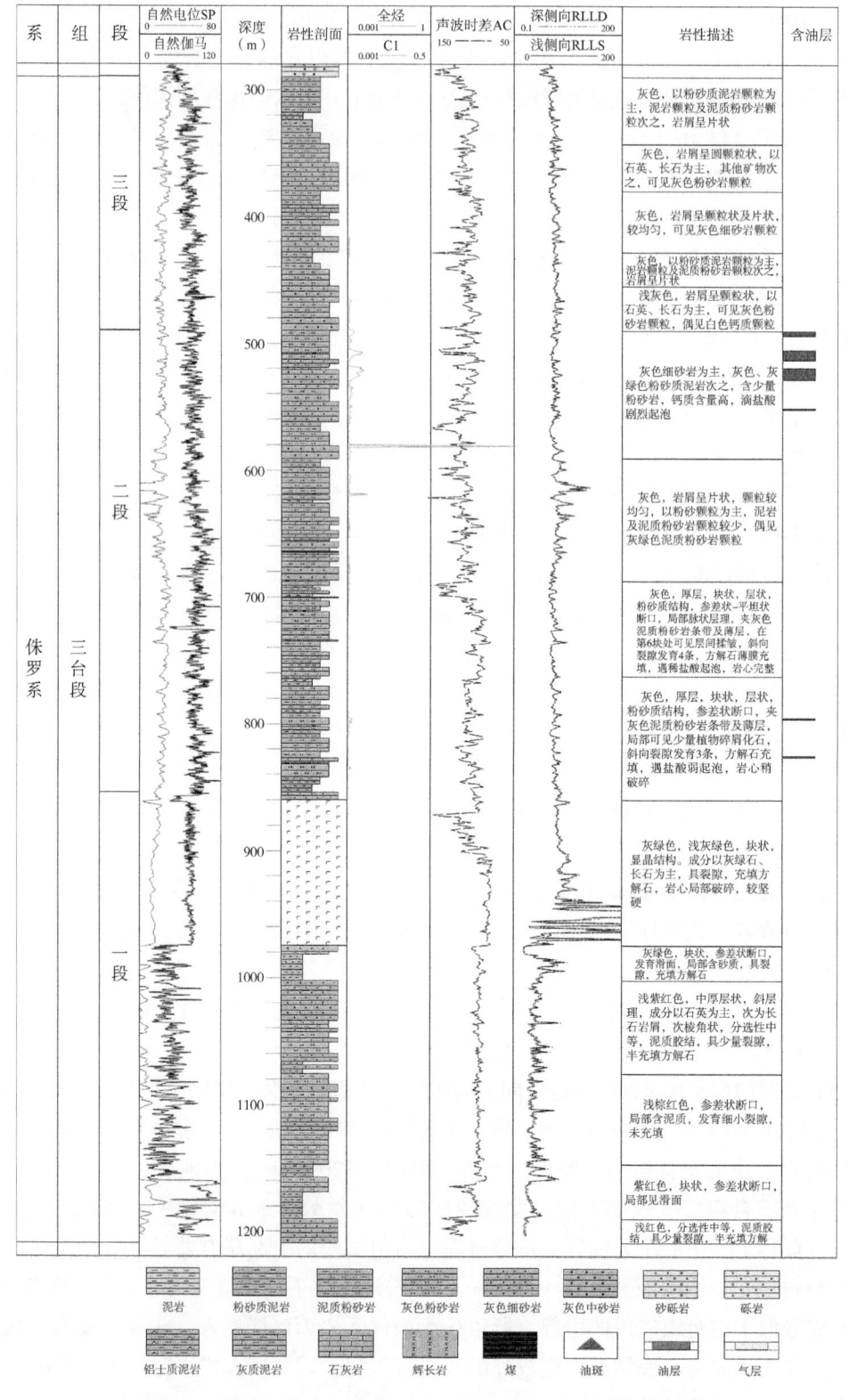

图 3-1　济宁—鱼台凹陷鲁页油 1 井侏罗系三台组综合柱状图

三、大汶口组地层特征

大汶口组是古近系的主要含油层系，鲁1井揭露了完整的大汶口组，具有一定的代表性，通过对鲁1井大汶口组含油气地层分析，对深入认识和解剖盆地的构造演化、沉积环境及含油气远景具有一定的指导意义。

大汶口组在鲁1井深度为井段21.0~2060.5m(图3-2)，视厚度为2039.5m。主要为黏土岩和碳酸盐岩，夹少量砂、砾岩，含丰富的自然硫、石膏和油页岩。其下与固城组整合接触，上被第四系黄土或砂、砾层覆盖。根据岩石组合特征，该组可分为三段。

(1) 上段：井段21.0~787.0m，视厚度为766.0m。本段可分为上、中、下三部分。上部(井段21.0~364.0m)为灰色灰质泥岩与灰色泥灰岩互层，夹少量薄层的灰色砂岩和石灰质砂岩；泥灰岩页状层理发育；视电阻率曲线低到中值。中部(井段364.0~543.0m)为灰色泥灰岩、泥质白云岩、石灰质泥岩、白云质泥岩夹灰褐色、褐黑色油页岩、含硫、含石膏灰质泥岩、泥灰岩等，底为一层厚12m的含硫灰岩；视电阻率曲线基本全为高值；并见有白云岩、泥灰岩的裂隙含油，共8.5m/8层。下部(井段543.0~787.0m)灰色泥灰岩、灰色石灰质泥岩夹灰褐色、褐黑色油页岩，底部夹灰黑色白云岩、含硫白云岩。在井段647.5~648.5m为白云岩裂隙含油层。视电阻率曲线由上向下由低到中高值。此段中含油的特征是局部相对较纯的石灰岩、白云岩裂隙，层间胶结致密的油页岩部分裂隙也含油。

(2) 中段：井段787.0~1316.0m，视厚度为529.0m。本段可分为两部分。上部(井段787.0~1024.0m)为薄—中厚层的灰白色石膏、灰黑色石灰质泥岩、泥灰岩、泥质白云岩、白云岩呈互层，个别白云岩呈页状层理，夹一薄层褐黑色油页岩，并且裂隙含油。视电阻率曲线由上向下由高到中值。下部(井段1024.0~1316.0m)为中厚层的灰白色泥膏岩为主夹灰褐色、绿灰色泥岩和灰白色硬石膏。视电阻率曲线为低值夹中值的尖状起伏。

(3) 下段：井段1316.0~2060.5m，视厚度为744.5m。为棕色、红棕色泥岩与绿灰色含膏泥岩呈互层，中部夹较多的绿灰色泥膏岩，底部为棕褐色、棕色泥岩、粉砂质泥岩与浅棕色砂岩、粉砂岩不等厚互层，夹杂色砂砾岩、砾岩。砾石成分为碳酸盐岩、石英岩。视电阻率曲线以大段的低电阻率为主要特征。

在整个凹陷内下段为棕红色为主的厚层钙质泥岩和膏质泥岩，夹少量泥灰岩，砂砾岩和薄层石膏，厚88~745m。中段为灰色、深灰色泥灰岩和泥岩，夹多层石膏、自然硫和少量油页岩、砂岩，最大可见厚度529m。据收集的西洼陷11口井统计，碳酸盐岩约占该段地层厚度的78%；石膏岩最薄为2.2m，最厚达81.5m，平均为25.3m；自然硫最薄为2.3m，最厚达59.8m，平均为23.5m，自然硫与石膏岩厚度比近1∶1。上段为灰色、深灰色泥灰岩和灰质泥岩，夹多层自然硫、油页岩和少量砂、砾岩，最大可见厚度822m。据与中段同一范围内11个钻井统计，该段碳酸盐岩约占地层厚度的84%；自然硫最薄2.3m，最厚达99.4m，平均为35.0m；石膏岩最厚只有5.4m，薄的1.0m左右，有的仅见有石膏。自然硫与石膏岩的厚度比为19∶1。可以看出，上段中自然硫与石膏

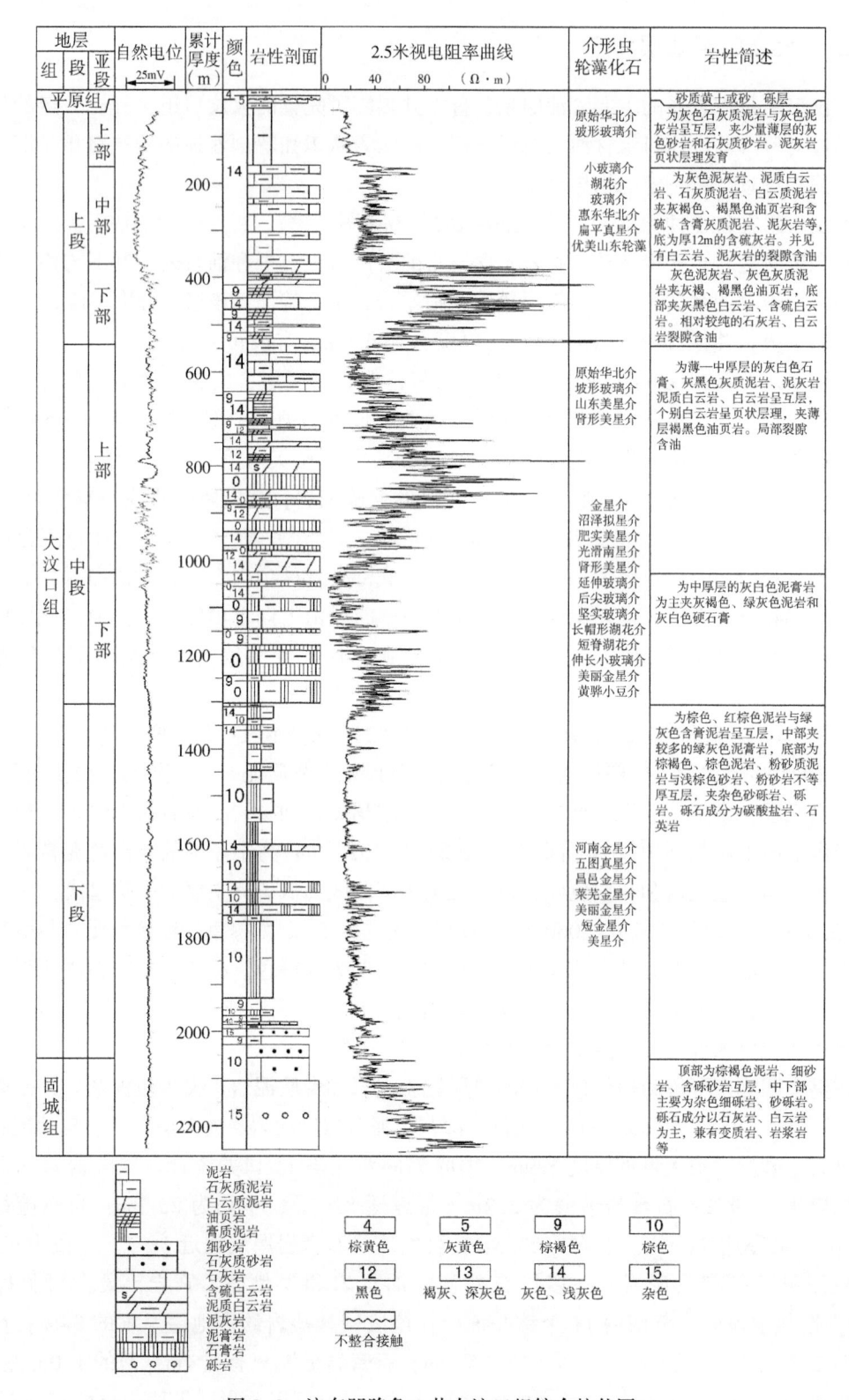

图 3-2 汶东凹陷鲁 1 井大汶口组综合柱状图

岩的厚度比明显提高。伴随这种变化，上段碳酸盐岩的含量增高，油页岩含量增大，说明上段沉积时有机物质比中段丰富，还原条件更有利于厌氧细菌的活动，使大量的石膏被分解而形成自然硫。硫呈团块状、浸染状、细脉状分布在泥灰岩、泥岩、碎屑岩及石膏岩中。

第三节　页岩油储层构造演化及沉积体系

一、中生代构造演化

进入中生代以后，鲁西地区的构造演化和盆地发育也进入了较为复杂的阶段。因此，讨论鲁西地区中生代盆地发育及其构造演化特征，必然涉及区域构造及周围地区盆地发育的关系。

（一）早—中侏罗世区域构造特征与构造演化

早—中侏罗世，在左旋剪切应力场控制下，沿郯庐断裂带及华北板块南北边缘形成了不同类型的走滑盆地。渤海湾盆地的基底主要为太古界和古生界，由于郯庐断裂的左行走滑，形成一组北西向的张剪性断裂以50°~70°角度与郯庐断裂斜接。断裂中沉积的湖沼相杂色砂泥岩含煤建造，局部含安山岩，厚500~1000m。华北发育了燕辽、冀中—临清、鲁西、下辽—郯庐和济洛五个走滑原型盆地，以及莱阳、淮河两个前缘盆地。

中生代早期三叠纪—中侏罗世，渤海湾盆地基本发育北东向和东西向的褶皱和逆冲断层，这与北部的西伯利亚板块向南挤压华北板块和扬子板块向北推挤华北板块及郯庐断裂左行走滑作用的剪压构造机制是吻合的。根据中生界上侏罗统和下白垩统的分布和控盆断裂分布分析，中生代晚期晚侏罗世—早白垩世郯庐断裂带的左旋走滑平移导致郯庐断裂带以西自北向南发育了3个北西向断堑系，即北部的渤海断堑系、中部的济阳断—堑系和南部的鲁西南断—堑系。同时，郯庐断裂带本身在中生代晚期就是一个剪张性的两堑一垒的断堑盆地。根据中生界和控盆断裂分布分析，渤海坳陷中生代盆地范围较大；济阳坳陷中生代盆地范围也较广；而鲁西南断堑系是由5个雁列的北西向狭窄断堑组成，即益都、沂源、莱芜、蒙阴和平邑5个断堑（自北向南雁列），指示中生代郯庐断裂带是左旋走滑平移运动。郯庐断裂带的渤海段即营潍断裂在中生代晚侏罗世—早白垩世为两堑一垒的裂谷盆地，并进一步演化成新生代走滑盆地。晚白垩世，盆地发生构造反转，盆地整体抬升，缺失该期的沉积。

（二）晚侏罗世—白垩纪构造发育特征与盆地充填

鲁西中生代侏罗纪—白垩纪盆地沉积序列是一套以河流相为主、湖相为辅且上部发育火山岩及火山碎屑岩组合。中生代沉积序列形成于低角度拆离断层的上盘，沉积中心远离盆地北缘北西向断裂，物原主要来自断层下盘，具有轴向和径向水流特征。鲁西北的济阳坳陷与鲁西中—新生代盆地具有相似的沉积充填序列和北断南超的箕状断陷盆地结构，说明二者可能形成统一的地球动力学背景,现今的盆岭相间格局可能发生于侏罗纪。

鲁西隆起位于华北板块或华北克拉通的东部,具体位于郯庐断裂带以西,兰考—聊城断裂及盐山断裂以东,北以齐河—广饶断裂为界与新生代济阳坳陷相邻,南以开封—郯城秦岭隐伏隆起带为界,是一个大致呈圆形的地块。区内出露地层有新太古代泰山群、寒武系—奥陶系碳酸盐岩夹碎屑岩、上石炭统—二叠系含煤地层及陆相含煤碎屑岩、中生代陆相碎屑岩夹火山岩及新生代陆源碎屑岩。中生代碱性岩浆岩、中基性岩浆岩广泛发育。区内地质构造复杂,具有多期复合叠加特征;断裂构造十分发育,由北部的北西向逐渐向南转变为北西西向。其中北西—北西西向断裂倾向南或南西,倾角一般为60°~80°,具有多期活动特征;它们将鲁西隆起切割为一系列北西向镶嵌的叠瓦状排列"掀斜断块",并使"泰山杂岩"、古生界、中生界和古近系沿着"断块"走向带状分布;这些断裂构成该区现今中—新生代盆地的北部边界。

鲁西隆起区自北而南发育周村、临朐、莱芜、沂源、蒙阴、平邑等中—新生代沉积盆地。它们均发育于北西—北西西向断层的上盘;平面上,这些盆地多呈北西—北西西向不等宽的带状分布特征。盆地内的中—新生代沉积统一向北或北东向倾斜,具有明显的北厚南薄特征,垂向上年轻地层相对下伏老地层倾角变缓。纵向上,新生代古近系位于盆地北部靠近北部边界一侧,中生代地层分布靠近盆地南部,远离北部边界;横向上,新生代沉积较中生代沉积范围广,反映了盆地及控盆断裂新生代东西向扩展特征。中—新生代充填序列的变化特征客观地记录了鲁西构造演化。

鲁西隆起中生代盆地主要发育一套陆相碎屑岩与火山岩、火山碎屑岩组合。根据这些充填物的接触关系可将其分为下述四个充填阶段。

1. 侏罗纪

该阶段形成早—中侏罗世坊子期和中—晚侏罗世三台期,二者之间为平行不整合接触。坊子组是一套灰色长石砂岩、粉砂岩及碳质页岩夹煤层构成,底部多发育砾岩,系河流、湖泊、沼泽相沉积组合。砾岩砾石为基底泰山群片麻状花岗岩和石英岩;叠瓦状砾石指示物源来自北部。周村盆地内坊子组厚177~468m,蒙阴盆地内坊子组厚度仅为30~42m;自北而南岩石粒度变细,煤层减少。三台组为砖红色、杂色砂岩夹砾岩,发育大中型槽状斜层理,为冲积扇、辫状河沉积,部分砾岩为重力流沉积。在周村盆地三台山一带厚度为228m,临朐盆地内厚度为86.9m,沂源盆地厚度为34m,蒙阴盆地厚度为235m,平邑盆地厚度为58m。三台组具有300~600m和1950~2400m两组古水流,这表明该盆地两侧的隆起区可能为形成三台组提供主要物源。

晚印支运动使华北地区普遍抬升、剥蚀,并伴有舒缓褶皱。在褶皱向斜轴部形成一些坳陷型、单旋回、分散的小型盆地(图3-3)。

2. 早白垩世早期

早白垩世早期,鲁西隆起区发育一套河流相、湖泊相碎屑岩为主和陆相火山碎屑岩组合——莱阳群。该套地层自下而上可分为止凤庄组、水南组、城山后组及马连坡组。止凤庄组和水南组均不含火山物质成分,前者系河流相沉积,以黄绿色、灰绿色细粒长石砂

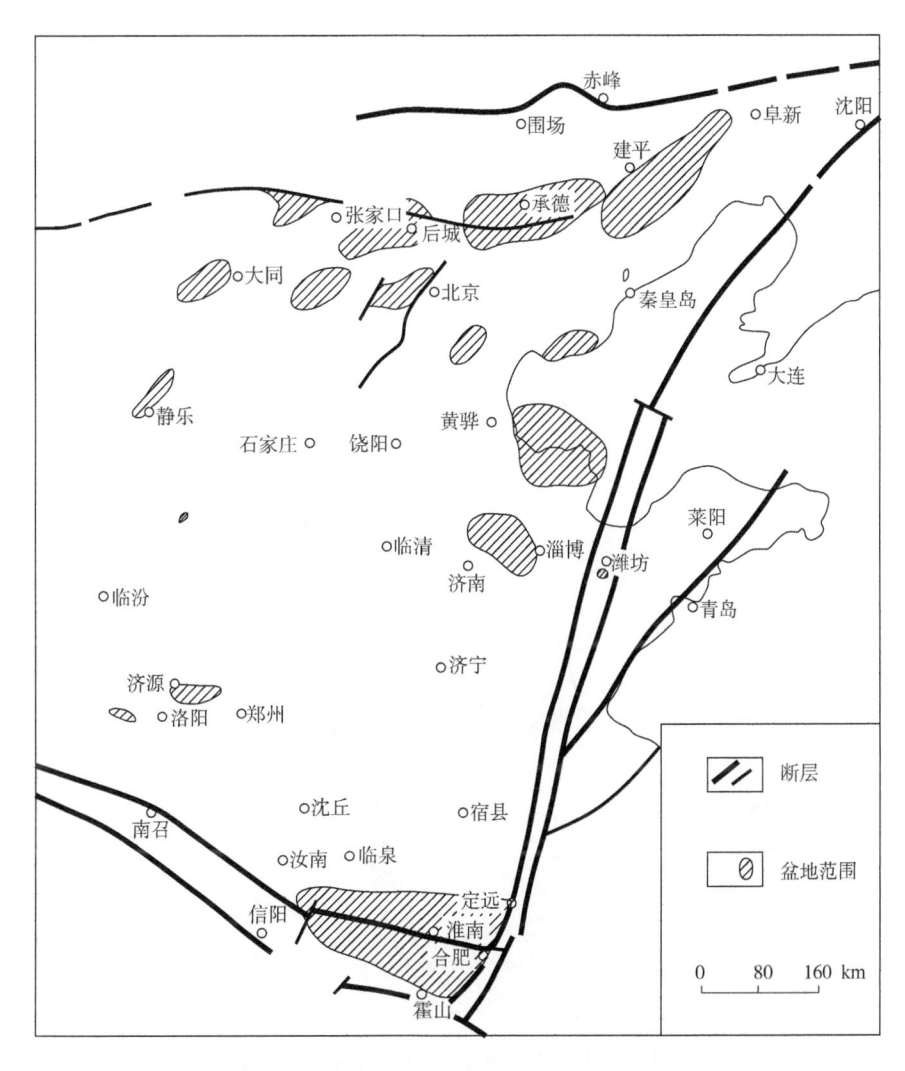

图 3-3 华北早侏罗世、中侏罗世盆地分布

岩、砾岩为主，局部夹泥质粉砂岩，仅见于蒙阴盆地和莱芜盆地，厚度小于 25m；后者是典型的湖相沉积组合，为页岩、薄层粉砂岩和泥灰岩组合，尽管在各个盆地中广泛发育，但沉积厚度差异较大。其中水南组在临朐盆地厚 26.6m，沂源盆地厚 267.5m，莱芜盆地厚 205m，蒙阴盆地厚 771m，平邑盆地厚 170m。城山后组在平邑盆地内发育良好，厚度达 1500m，河流相沉积；下部以凝灰质砂岩、含砾粗砂岩夹细砂岩、粉砂岩为主，上段以安山质集块岩、角砾凝灰岩为主夹细砂岩、粉砂岩。马连坡组见于蒙阴盆地和平邑盆地，在蒙阴盆地中厚度达 600m，由灰绿色、黄绿色互层的泥质粉砂岩、岩屑粗砂岩及细砂岩为主夹少量凝灰岩构成，系河流相沉积组合。

晚侏罗世—早白垩世为本区燕山运动最强烈的时期（图 3-4），以大规模火山喷发和岩浆侵入为特征。

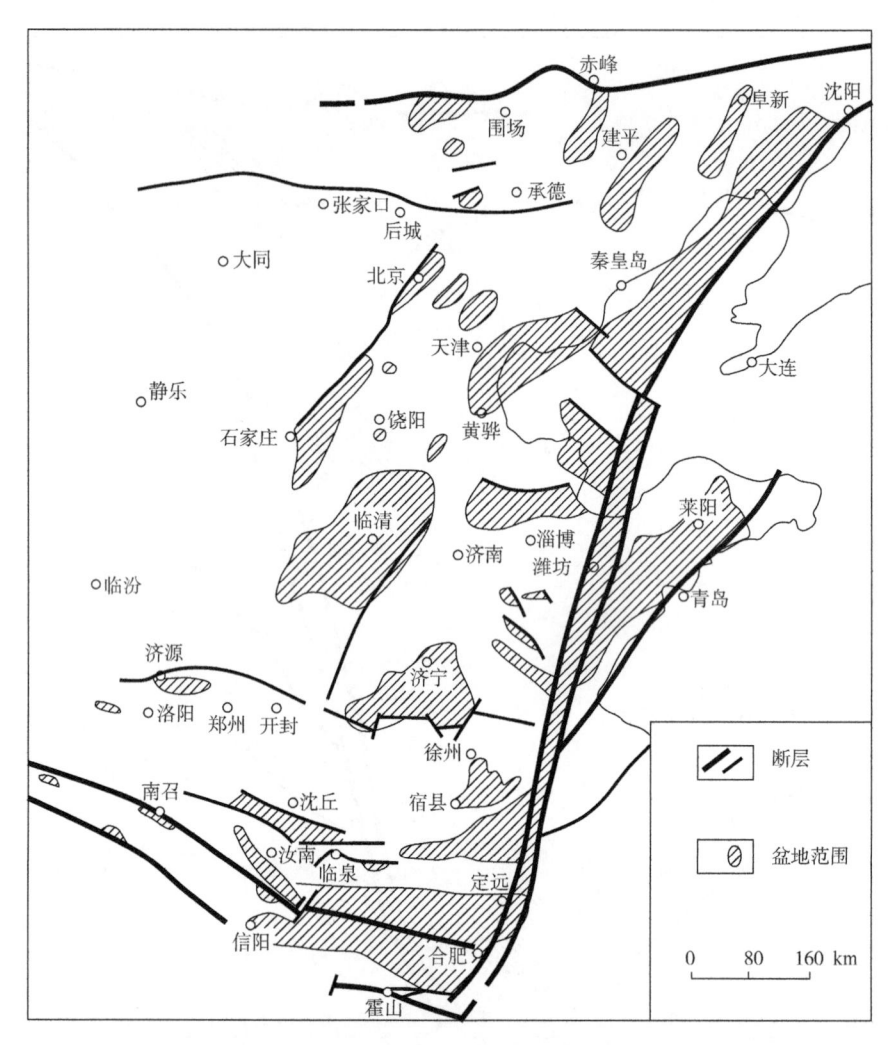

图 3-4　华北晚侏罗世—早白垩世盆地分布图

3. 早白垩世晚期

西洼组是早白垩世晚期鲁西隆起区强烈火山喷发作用形成的不整合于莱阳群之上的一套中基性火山熔岩、火山碎屑岩组合。下部主要由安山质火山角砾岩、集块岩夹粗安岩、凝灰岩及凝灰质砂岩；上部主要由灰色、黑灰色粗安质熔结凝灰岩、集块岩夹碱性玄武岩及粗安岩组成。八亩地组在鲁西中生代盆地中广泛发育，周村盆地厚度达 4000m 以上，临朐盆地达 1000m，莱芜盆地厚 290m，蒙阴盆地厚 731m；方戈庄组只见于周村盆地，厚度为 217m。这些沉积特征表明，早白垩世晚期鲁西隆起区火山活动是从南向北发展迁移的，并具有活动增强之趋势。

4. 晚白垩世

晚白垩世，鲁西隆起区中生代盆地内主要发育一套不整合于青山群之上的厚度 470m 以上的河流相、湖泊相沉积组合(图 3-5)。下部为一套红色砂砾岩夹泥岩组合，主要发育于临朐盆地中；上部主要发育于鲁西北—济阳坳陷内，为以砂岩、泥岩为主向上砂岩层增多的杂色细碎屑岩组合。二者以河流相沉积为主。

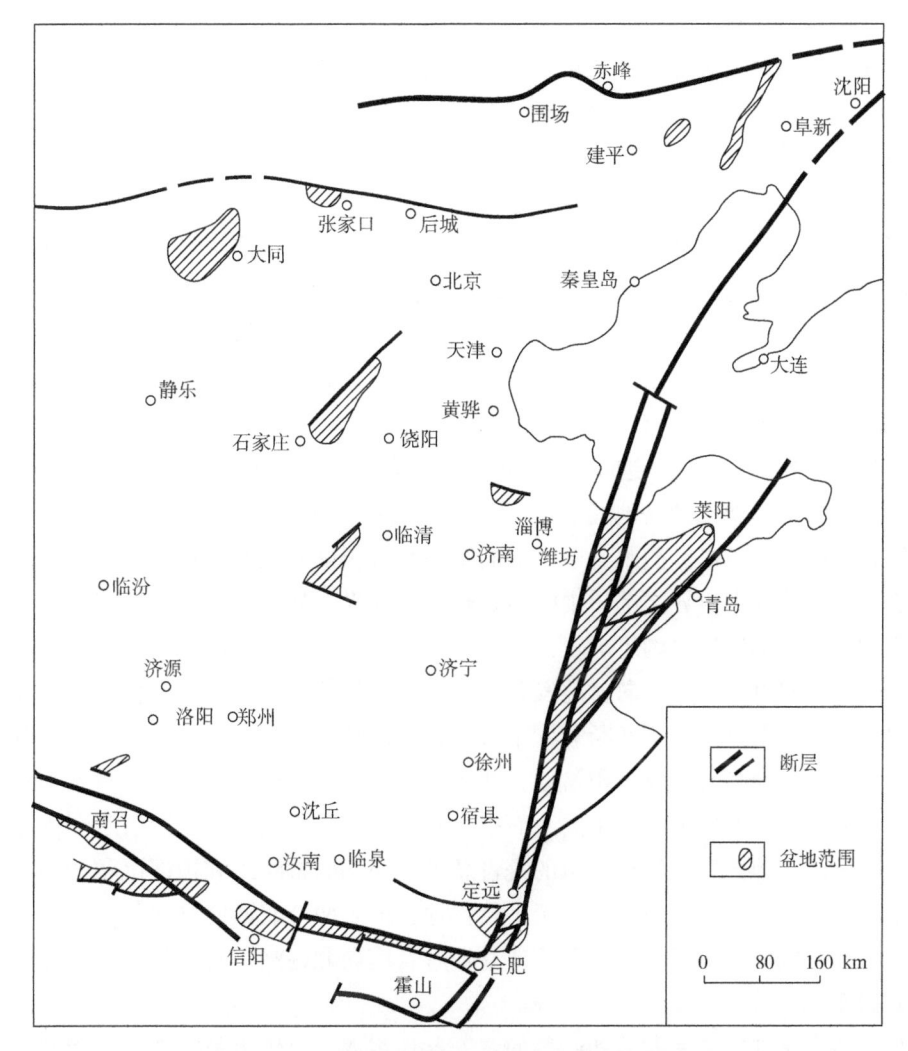

图 3-5 华北中白垩世、晚白垩世盆地分布图

二、新生代构造演化

鲁西盆地群多数发育于古近纪初期，而在始新世早期，也就是沙四段沉积时期—孔店期之后就结束了盆地发育历史。因而现在的鲁西盆地群基本上保持了古近纪初期的盆地面貌。鲁西古近纪盆地群中的沉积地层和断裂构造广泛出露于地表，通过详细的地面地质和构造分析，可以建立古近纪构造演化过程。

鲁西古近纪沉积盆地发育有平邑盆地、新泰—蒙阴盆地、曲阜—泗水盆地、大汶口盆地和泰安—莱芜盆地。平邑盆地和新泰—蒙阴盆地为典型的北西向盆地，古近系呈不整合或平行不整合覆盖于白垩系之上，反映出新生代盆地叠加在中生代盆地之上。曲阜—泗水盆地和大汶口盆地总体呈近东西向展布，盆地内的沉积充填明显晚于北西向盆地。古近系直接超覆于古生界不同层位之上，缺失整个中生界。泰莱盆地由于后期断裂运动，早期原型盆地形态明显受到破坏。平邑盆地发育最早，开始于古新世早期，结束在始新世初期。新泰盆地发育时期大约从古新世中晚期（常路组）到始新世初期结束。大汶口盆地和泗水盆地形成较晚，发育于始新世初期到始新世末期，主要发育大汶口组，大致相当于孔二段上部—沙四段沉积时期。

平邑盆地表现为一个北断南超的半地堑盆地。北西走向的蒙山断层控制了古近纪盆地的形成和发育。古近系超覆于白垩系之上，反映了古近纪盆地与白垩纪盆地的叠加关系。平邑盆地内部古近系的沉积充填主要为浅湖相地层，产状倾向北东方向，倾角在 17°～25°之间，其内部发育次级正断层，在费县荣和庄附近古生界地层转折为近水平状态。费县上冶镇大田庄水库北西走向蒙山断层的构造表现明显，费县上冶镇大田庄水库蒙山断层下降盘中沉积的卞桥组砾岩和朱家沟组砾岩。

泗水盆地北界近东西向（走向 290°）正断层控制了盆地中构造和沉积的发育特点。在柘沟镇腾家洼村可以观察到盆地北界近东西向正断层，断层北侧是太古界的泰山群杂岩，南侧是始新统的大汶口组。泗水盆地底部的第一套沉积是朱家沟组紫红色砾岩，这套砾岩直接覆盖在裂谷前的古生界之上，中间明显缺失中生界。从地层的发育特点可见，北西向盆地结束的最上部地层朱家沟组砾岩，恰好是东西向盆地最开始沉积的地层。由古生物地层及构造分析比较可知，北西向盆地发育于古新世，受郯庐断裂左行走滑作用控制；而东西向盆地发育于始新世，是郯庐断裂发生构造转型后的右行走滑拉分所产生的盆地。

新泰—蒙阴盆地为北西向沉积盆地，北部边界正断层构造在完庄水库表现清楚，古生界与中生界之间的正断层为北西走向，而中生界与朱家沟组之间的正断层表现出近东西走向。新泰—蒙阴盆地内底部沉积充填的是古新世中晚期的常路组和顶部沉积的是始新世初期的朱家沟组砾岩，说明盆地开始晚于平邑盆地，但是两个北西向盆地却同时结束于朱家沟组沉积时期。因而，鲁西地区的北西向盆地有自南向北逐渐发育的规律。南缘掀斜的白垩系和寒武系。

泰莱盆地由东部的莱芜盆地和西部的泰安盆地组成，总体上呈近似三角形状，与济阳坳陷中的沾化凹陷可以类比。莱芜盆地东部边界断层表现为右旋走滑性质，改造了古近纪原型盆地形态。泰莱盆地北部边界断层——口镇北西西向断层表现为高角度正断层。泰莱盆地西部边界是泰山前断层，早期为正断层，晚期转变为右旋走滑断层。

大汶口盆地近东西向展布，北界为南留弧形断层，由于盆地南部掀斜地层走向近于东西，因此推测其控盆断层也应该为东西向。盆地内沉积大汶口组，岩性主要为膏泥岩类、薄层白色黏土层、泥灰岩和灰黄色粉砂质泥岩，在华丰煤矿出露盆地底部砾岩，大汶口组中部地层时代相当于沙四段沉积时期（始新世）。由此可见，大汶口盆地与泗水盆地属于同时期相同构造背景下的两个沉积盆地。

盆地构造分析研究已经清楚表明，鲁西古近纪盆地群的原型盆地有两种类型。一种类型是发育较早的北西向盆地，内部充填沉积卞桥组和常路组及朱家沟组，叠加在中生代盆地之上，属于郯庐断裂左行走滑的产物；另一类型是东西向盆地，形成时间相对较晚，内部充填沉积固城组和大汶口组，缺失中生界，属于郯庐断裂右行走滑拉分产生的沉积盆地。

新生代早期，在郯庐断裂东侧，太平洋向欧亚大陆俯冲，由于太平洋板块向北北西方向运动，在东亚活动大陆边缘构成斜向俯冲，不仅在东亚陆缘形成弧后伸展区，而且陆内存在的北北东方向的断裂，如郯庐断裂，在斜向俯冲过程中表现为明显的左行走滑运动。济阳—昌潍坳陷新生代早期原型盆地的形成和构造特征解释：新生代早期，由于斜向俯冲导致郯庐断裂走滑，郯庐西侧附近地区形成左旋剪切应力场，在左旋应力场的作用下，在济阳—昌潍和鲁西南地区形成北西方向的正断层控制地堑或半地堑盆地。实际上，郯庐断裂东侧，也存在类似的原型盆地发育，如苏北盆地晚白垩世和古新世的原型盆地也是北西西方向的。所以，按照主动型裂谷和被动型裂谷的定义，济阳—昌潍和鲁西南地区的早新生代北西方向的盆地应该属于被动型裂谷盆地，因为它们是郯庐断裂附近的左旋区域应力场作用导致的岩石圈伸展所形成的，火山作用和伸展、沉降是同时发生的。

此期斜向俯冲也产生弧后扩张区。弧后扩张区可能位于济阳坳陷的西侧，即惠民凹陷和临清凹陷地区。在弧后扩张区，形成与俯冲带大致平行(北东)方向的地堑半地堑。因此，济阳坳陷东部地区临近郯庐断裂，原型盆地方向受左旋应力场控制，西部位于弧后扩张中心，原型盆地方向受弧后扩张作用控制。

太平洋板块俯冲转向为北西—北北西方向，郯庐断裂右行运动，济阳坳陷地区受这一过程强烈影响，岩石圈伸展，形成一系列的北东方向的原型盆地，或称为右行拉分盆地。这一期盆地形成对前期的原型盆地改造作用非常明显，沙河街组四段和孔店组残留厚度和剥蚀厚度都受到后期北东向盆地形成过程的明显影响。

始新世开始(56—42Ma)渤海湾盆地又开始发生裂陷，渤海湾盆地的基本构造格局为北北东向的沧东断裂带和郯庐断裂带之间夹持一系列北西向雁列的狭窄断堑系。沿着北北东向北西向的控盆断裂发育了一系列窄小的断堑。中生代的盆地比沙河街组四段—孔店组宽阔些，沙河街组四段沉积时期—孔店期的盆地与中生代盆地有一定的继承性。沙河街组四段沉积时期—孔店期冀中坳陷开始产生。从雁行排列的窄小盆地看，中始新世之前这些盆地主要是郯庐断裂左行走滑运动的派生构造。中始新世(42Ma)开始，由于郯庐断裂带转为右行走滑运动，渤海湾盆地构造以伸展断陷构造为主，即伸展地堑和半地堑构造样式，近郯庐断裂带构造具有张扭特点，构造走向主要为北东东向，与郯庐断裂带以低角度相交。新近纪以沉降为特征，进入新近纪和第四纪(25Ma至今)，盆地以沉降为特点，断裂活动主要发生在渤海海域，并集中在郯庐断裂带附近，在浅层发育规模较小的盖层断层，主要分布在主断裂两侧，剖面上这些断层与主断裂组成"似花状"构造，晚期断层走向近东西向，与主断裂以小角度相交，呈雁列分布和羽状分布，显示了右行(斜向)滑动的运动学特点。新近纪末期—第四纪普遍发育正反转构造，主要分布在渤海海域主断裂南段两侧，即发育在增压弯曲部位，呈雁列分布，反映了右行走滑的运动学特点。新生代沉积序列物源主要来自断层上盘，以轴向水流为特征。这些特征与伸展作用过程中形成的拆离型盆地和裂谷型盆地的特征完全一致。

三、中生代沉积特征

(一) 沉积组合

中生界在鲁西分布零散，在济宁—鱼台凹陷，主要发育中侏罗统三台组。主要沉积组合有紫红色砂质沉积组合、灰绿色粉砂质沉积组合、暗色泥质沉积组合和砾岩、凝灰质沉积组合、玄武质沉积组合。

1. 紫红色砂质沉积组合

以紫红色为主，为泥质砂岩、砂砾岩、砾岩、砂质砾岩，属河流沉积和冲积扇沉积，夹紫色、黄绿色页岩。这类组合大多呈巨厚层、厚层产出。砂质沉积中发育大型板状交错层理和槽状交错层理。这类沉积组合在测井曲线上反映比较明显，为高电阻率和低自然伽马值。底部为突变界面。

2. 灰绿色粉砂质沉积组合

该沉积组合主要发育于三台组二段，为灰色、灰绿色、紫杂色泥岩、页岩、粉砂质泥岩、粉砂岩呈薄层互层，发育水平层理、互层层理、粒序层理，有虫迹、虫管，为滨浅湖沉积。

3. 暗色泥质、砂泥质沉积组合

在鱼台凹陷北区，发育大套暗色(灰色、深灰色)为主，夹绿色的粉砂质沉积组合，呈厚层、巨厚层状，具波状层理，水平层理，含动物化石(叶肢介)，粉砂岩夹灰黑色砂质泥岩层或包体，层面含炭屑，含有黄铁矿散晶或结核，为浅湖—深湖相沉积，是重要的生油气岩系。

4. 砾岩—凝灰质沉积组合

在鲁西地区局部发育于中侏罗统三台组顶部，为棕色—暗棕色凝灰岩，上部夹少量含砾砂岩和砂质泥岩。凝灰岩主要由火山玻屑组成，次为晶屑及各种岩屑。晶屑以半棱角状长石为主，次为石英；岩屑成分较复杂，有火山岩岩屑、黏土岩岩屑、石灰质岩屑、有机质、凝灰岩岩屑及少量方解石、硬石膏等。砾石成分以火山岩为主，次为石英岩及少量石灰岩砾，分选差，磨圆度较好，凝灰质胶结，偶见有石膏充填。电阻率曲线上呈现向上变细的序列，为滨浅湖相沉积。

5. 玄武质沉积组合

下白垩统下部在区域上为玄武岩、玄武安山岩，区域厚度420～700m，研究区内无钻探工程揭露。

中生界在鱼台凹陷由钻孔揭露，主要为中侏罗统三台组，主要沉积相见表3-2。

表3-2 中生界主要沉积相类型

地层		主要沉积相
中侏罗统	三台组	河流相组合、冲积扇相、滨浅湖相组合、小型湖三角洲相组合

(二) 沉积特征

中生界主要发育侏罗系中统三台组，三台组主要沉积相组合有以下六类。

1. 河流相组合

主要出现于三台组中上段，以河床相紫红色泥质砂岩、砂岩为主，分选和磨圆较差，见有干裂、波痕发育。河床的发育主要由于洪水期洪水事件引起，与气候条件具有密切关系。枯水期河道无水，暴露于基准面之上，因而有干裂发育。中段为泛滥平原和决口沉积为主，岩性为紫红色细粒长石砂岩夹紫色、黄绿色页岩，也发育河床相，见大型板状交错层理和槽状交错层理。

2. 冲积扇相

主要发育于三台组一段，以紫红色砾岩、砂质砾岩为主，夹薄层紫红色泥质沉积。为洪水期山前冲积沉积，砾石分选和磨圆极差。

在鱼台南部地区，主要发育三台组，以一套紫红色砂岩为主，暗色泥质沉积较少。在鱼台北部、鱼台东部地区，可见到下部的三台组，但三台组的中下段不甚发育。

3. 滨浅湖相组合

主要发育于中段，上段中也有发育。主要岩性为灰色、灰绿色泥岩、粉砂质泥岩，或大套出现，或呈薄的互层。具水平层理、粒序层理、虫迹、虫管。在三段，为灰黄色、黄绿色细砂岩夹薄层砂质泥岩，发育微波状层理和微交错层理。

在鱼台北部和鱼台东部地区，以大套浅灰色粉砂岩或粉细砂岩互层为主，夹细砂岩。含有动物化石及碎屑，为滨浅湖相沉积。

在三台组(上段)，本区为河流相沉积，在横向上相变为浅湖沉积，这类湖泊可能为曲流河泛滥盆地形成。如在黄口凹陷丰参 1 井相当层位为一套以暗色泥岩为主的浅湖相沉积。

4. 浅湖—半深湖相

为深灰色泥质和粉砂质泥质沉积，具水平纹理。含有动物化石，如淡水瓣鳃类、叶肢介等化石。为重要生油层。

5. 深湖相

为深灰色泥质沉积，在本区钻孔揭露资料看，比较少见。

6. 小型湖泊三角洲相组合

为深灰色与浅色交互型沉积，粗细交替，且有小规模的三角洲沉积序列特点，在测井曲线上也有显示。

四、新生代沉积特征

(一) 沉积组合

在鲁西的汶东凹陷、成武凹陷和济宁—鱼台凹陷均有新生代沉积。以鱼台凹陷为例。

鱼台凹陷发育古近系,有丰钾1井、丰钾2井和丰钾3井等钻孔揭露。自下而上主要沉积组合类型有棕色砂砾质沉积组合、泥质白云岩夹膏盐组合、泥灰岩—膏盐交互组合、灰黑色—黑色泥质沉积组合、灰色砂质沉积组合。

在鲁西不同断陷盆地中,新近系分布最为局限,主要为馆陶组和明化镇组。馆陶组以泥质沉积、砂质沉积含砾质沉积。

古近系在成武凹陷发育,主要为沙河街组,以砂质沉积、泥质沉积为主。上部以泥质沉积为主,中下部以砂质沉积为主。据鲁2井揭露,沙河街组二段和沙河街组三段发育膏盐沉积和石灰岩。在沙河街组上部发育东营组,以泥质沉积加砂质沉积。

古近系在汶东凹陷较为发育,汶东凹陷主要发育大汶口组和固城组,古近系下部为一套砂砾岩、砂页岩和泥灰岩,上部由石膏、油页岩、泥灰岩、泥岩组成,底部为砾岩。从钻探资料看,区内鲁1井钻遇地层较全。按照济阳坳陷新生代年代地层划分和山东地矿部门对大汶口地区古近系的划分,并依据鲁1井等钻孔及地层生物资料,汶东凹陷内的古近系划分对比见表3-3。

表3-3 汶东凹陷古近系地层划分对比表

年代地层单位			与济阳坳陷对比划分		本次地层划分		地层厚度(m)	生物地层单位
系	统		组	段	组	段		生物带
古近系	渐新统	上统	东营组						
		下统	沙河街组	沙一段					
				沙二段					
	始新统	上统		沙三段	大汶口组	上段	0~822	中国华北介组合
				沙四段		中段	0~529	肥实美星介—光滑南星介组合带
		下统	孔店组	孔一段		下段	0~745	河南金星介—五图真星介组合带
				孔二段					
	古新统			孔三段	固城组		0~200以上	

新生代沉积组合主要有以下五种。

1. 棕色砂砾质沉积组合

该组合主要发育于古近系下部,具下粗上细趋势,发育底砾岩。砾岩层在测井曲线上反映比较明显,为高电阻率值,在自然伽马曲线上表现出多个向上变低(粒度变粗)或向上增高(粒度变细)的次级序列。以砂质和粉砂质为主,夹多层砾岩。皆为棕色—棕红色。砾石成分以玄武岩为主,其次为石英岩和灰岩,分选差,磨圆中等。为冲积扇沉积。

2. 泥质白云岩夹膏盐组合

以厚层泥质白云岩、白云岩为主,夹硬石膏薄层及硬石膏星点或条带,局部夹膏质砂岩。以灰色—深灰色为主,夹有灰黄色和灰紫色。在电阻率曲线上出现明显的高低交互特征,以高值突变最为明显。为干旱气候条件下的湖泊沉积。

3. 泥灰岩—膏盐薄层交互组合

颜色以深灰色、灰色为主，出现黑色钙质泥岩，薄层泥灰岩和薄层硬石膏频繁交互，形成多层泥质灰岩与硬石膏薄层的交互组合序列，成大套出现。较泥质白云岩夹膏盐组合颜色明显变深，单层厚度显著变薄。湖平面发生频繁振荡性变化的浅湖泊沉积，黑色钙质泥岩的出现，说明盆地水体较深，为深湖沉积，但这样的沉积所占比例较少。

4. 灰黑—黑色泥质沉积组合

出现于古近系上部，含有机质。为浅湖—半深湖相沉积，为重要的生油层。

5. 灰色砂质沉积组合

以砂质、粉砂质沉积为主，夹深灰色砂质泥岩。具水平层理、波状层理。颜色以浅灰色为主，其次为褐灰色、绿灰色。夹少量含砾砂岩。

（二）沉积特征

新生界沉积相比较复杂（表3-4），以断陷盆地冲积扇、扇三角洲和河流相为主体。研究区汶东凹陷地层发育较全，以汶东凹陷为例，对固城组和大汶口组主要沉积相组合进行分析。

表3-4 新生界主要沉积相类型

地层		主要沉积相
新近系	明化镇组	冲积扇相、辫状河流相组合、扇三角洲相组合
	馆陶组	冲积扇、辫状河流相组合、扇三角洲相组合、河流相组合
	官庄组	滨浅湖相组合、小型湖三角洲相组、河流相组合、深湖相组合、盐湖相
古近系	大汶口组	滨浅湖相组合、小型湖三角洲相组、深湖相组合
	固城组	山麓洪积相、河流相组合、冲积扇

1. 固城组主要沉积相组合

固城组由砾岩和部分红棕色黏土岩构成。砾石成分主要为石灰质砾石和极易风化的花岗质砾石，成分成熟度极低；砾石的磨圆度为棱角状，且分选不好，大小混杂，结构成熟度也不好。固城组的沉积厚度变化较大，凹陷北缘近裂附近超过481m，南部边缘最大厚度小于285m。以上所述，都显示出山麓相快速堆积的特征。从固城组岩石色调为红色和红棕色看，该组沉积和成岩是在氧化条件下进行的。综合上述特征分析认为，固城组为干旱气候条件下的山麓洪积相沉积。

随着祖徕山断裂活动的减弱，风化剥蚀速度变缓，物源区提供了以黏土为主的碎屑物，所以大汶口组下段沉积的主要是棕红色黏土岩。随着时间的推移，沉积介质中积累了较多的化学物质，加之强烈的蒸发、湖水逐渐得以浓缩，不但在红色黏土岩中形成了少量泥灰岩，而且出现少量薄层石膏。从该段产出的介形类看，有陆相湖泊中常见类型为五图真星介。说明大汶口组下段是干旱气候条件下浅湖相沉积。

2. 大汶口组主要沉积相组合

大汶口组中段沉积时，气候由原先的炎热干旱逐渐变得湿润。正因为如此，植被开始繁盛，有机质供源充足，盆内有机质积累迅速，致使沉积物中有丰富的有机质。另外，气候湿润供水充足，湖水变深，湖水就会因浓度不同发生分异，造成氧化还原界面。氧化还原界面以下浓度较大的湖水，在达饱和浓度时形成碳酸盐岩或石膏。同时，还原条件的出现，一方面防止有机物质被破坏，另一方面促使厌氧细菌的大量繁殖，分解石膏而形成自然硫和提供了碳酸钙的来源。大汶口组中段就是在上述潮湿气候条件下，还原深湖中形成的灰色、深灰色泥灰岩和泥岩，夹多层石膏、自然硫和少量油页岩、砂砾岩的一套暗色沉积岩组合。

大汶口组上段仍为潮湿气候条件下还原湖相沉积(图3-6)，而且湖盆范围有所扩大，形成灰色、深灰色泥灰岩和黏土岩，夹多层自然硫、油页岩和少量砂砾岩，局部见薄煤层的沉积岩系组合。主要沉积类型有水下扇、扇三角洲，较深湖相、浅湖相和滨湖相。多层油页岩、自然硫和薄煤层的出现，均说明此时的气候条件、有机质的丰度和还原条件的强度都优于中段形成时期。洼陷南部主要是较深湖相、浅湖相和滨湖相沉积环境下沉积的灰、深灰色泥灰岩和黏土岩，夹多层自然硫、油页岩，北部和西部洼陷边缘地区主要发育有水下扇、扇三角洲，并且含硫量少，是该区较有利的储集空间类型。

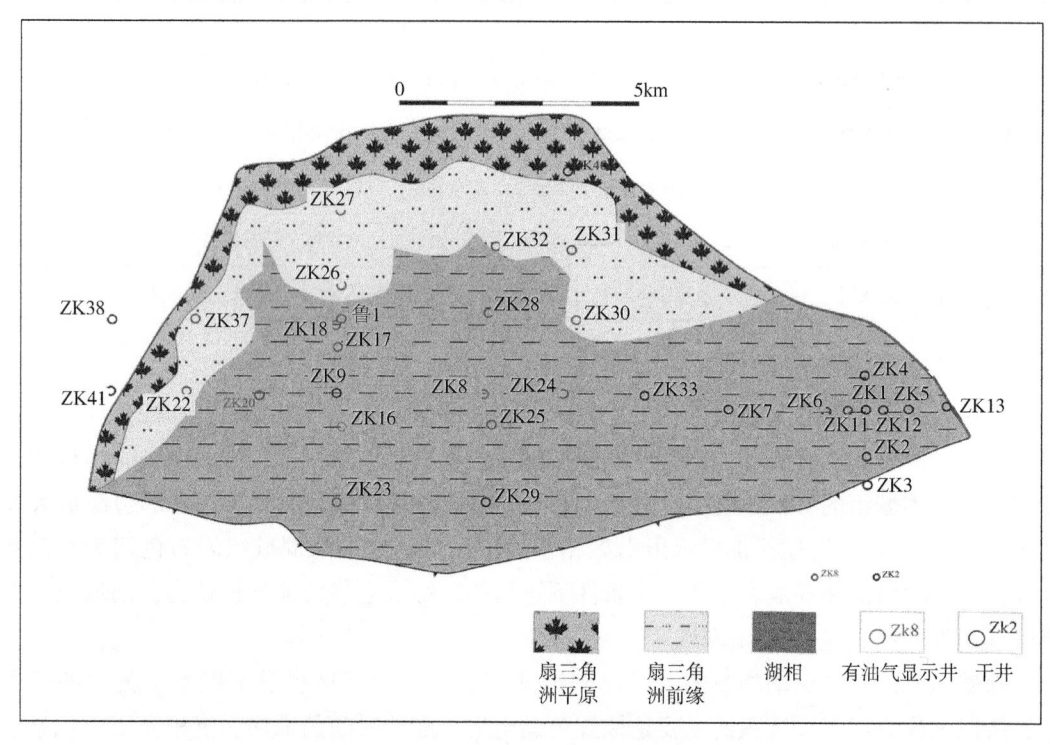

图3-6 汶东凹陷大汶口组沉积体系分布图

第四节　页岩油储层、盖层特征

一、中—新生界储层特征

研究区页岩油储层为烃源岩所夹孔隙型砂岩和裂隙缝洞型致密砂岩、泥页岩等，因此裂隙成为页岩油主要储集空间，另外还有烃源岩所夹孔隙型砂岩以孔隙为主要油气储集空间。由于泥页岩在孔渗性方面实验难度较大，因而该方面的实验数据有限，因而储层物性等分析方面以砂岩和致密砂岩为主。

（一）中生界储层特征

在中生界和新生界发育多层碎屑沉积，从济宁—鱼台凹陷中生界、古近系沉积特征、沉积相及沉积环境分析，发育多套性能良好的储层。据78-4井统计，中侏罗统三台组砂岩厚428.9m，占总厚度的62.7%。储层厚度相当可观。据地震剖面揭示，三台组不但分布广，而且厚度大，同时三台组下部在局部地区发育火山碎屑岩。三台组下部的火山碎屑岩曾普遍受到不同程度的风化剥蚀，形成一些孔洞，这为油气聚集提供了一定的场所。

三台组是研究区中生界地层厚度较大，砂岩最为发育的一个组，鱼页参1井发育了研究区最为完整的三台组，鱼页参1井井段为299.0~1804.0m，视厚度为1505m。从鱼页参1井三台组分析，三台组虽然具有巨厚的细砂岩或者砂砾岩，但由于缺乏有效的盖层，但难于成藏，在三台组中部砂泥岩互层段油气显示最丰富。

三台组一段虽然储层厚度大、物性好，但由于缺乏有效的盖层，但难于成藏。并且三台组一段发育一套厚60m左右的侵入岩，侵入岩对油气的保存起到了破坏作用，但该侵入岩为烃源岩的成熟起到了促进作用，并且侵入岩在形成后亦可作为良好的油气盖层，因而由于该侵入岩形成的圈闭内可以形成有利区带。

三台组二段发育粉砂岩与泥岩或泥质粉砂岩互层，该段油气显示丰富，也是最有利的油气富集层段，该段储层发育，单层砂岩厚度可达20m，并且由于三台组整体钙质含量较高，地层脆性较高，易于发育微型裂缝，该类裂缝也是良好的油气储集空间。虽然三台组三段较三台组二段砂岩更为发育，但仍然因为储盖条件不匹配，不利于油气的大量富集。

总体上看，三台组二段发育较好的烃源岩，不仅烃源岩可以作为页岩油的良好储层，与其互层的砂岩也是良好的油气储层，因而三台组二段是最有利的油气富集层段。

在地震剖面上，部分断层前缘有楔状或丘状地震相。这种楔状或丘状地震相内为弱反射或空白反射，而周围是成层性较好的，具有良好物性界面湖相沉积。楔状、丘状地震相在通常情况下代表水下冲积扇（粗碎屑岩组成）。这类粗碎屑岩一般分选性差，且在横向、纵向有一定分布范围和厚度。

表 3-5 鲁页油 1 井三台组砂岩成分统计表（单位：%）

岩石类型	石英	钾长石	斜长石	岩屑	云母	杂基	胶结物
极细粒岩屑长石砂岩	20	9	33	13	1	5	2
细粒岩屑长石砂岩	27	14	26	19	1	3	7
含泥粉砂岩	8	6	11	21	24	11	9

（二）新生界储层特征

本次研究新生界储层以大汶口组为主开展分析，大汶口组中段和上段，虽然自北向南随粗碎屑物源物质的逐渐减少而变细，但仍有少量砂、砾岩。仅就 33 口井统计，砂岩、砂砾岩等碎屑岩厚度达 940m。它们主要分布于凹陷北部，近边界断裂附近尤为集中，其成因属水下扇和扇三角洲沉积。

从丰钾 1 井、丰钾 2 井等钻孔揭示的岩性、沉积序列特征，古近系具有明显的旋回性，碎屑岩和暗色泥岩交替出现，泥岩中也往往夹有厚度不等的细—中砂岩。据丰钾 2 井的一块样品分析，孔隙度为 23.57%，渗透率 40.55mD，属于中等—较好的储层。古近系上段也发育了厚度不等的泥质粉砂岩、粉砂岩、细—粗粒砂岩，这都是比较有利的储层。

1. 碳酸盐岩

大汶口组含油碳酸盐岩主要为石灰岩、含硫灰岩、白云岩等，石灰岩和白云岩均为隐晶质结构，含不等量的泥质、石膏质、硫、砂质及有机质，泥质分布不均，硬石膏呈中细晶纤维状结构，局部富集呈条带状、团块状或层状产出。

2. 泥页岩

碎屑岩分选多较差，少数中等，磨圆度为次棱角状，孔隙式胶结，胶结物主要为泥质。层理多为块状层理、水平层理、搅混层理。水平层理中层理面上多夹有植物碎屑。页岩中顺层裂缝发育（图 3-7、图 3-8），页岩层里多见油气显示（图 3-8），砂岩储层储集空间类型主要为粒间孔及裂缝（图 3-9）。

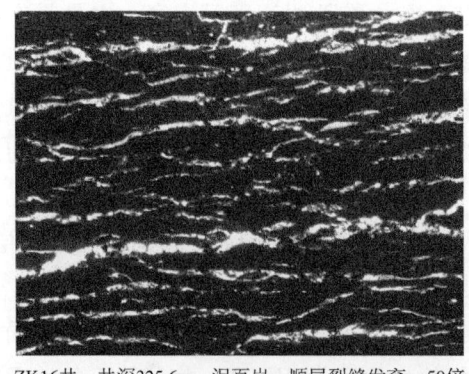

ZK16井，井深325.6m，泥页岩，顺层裂缝发育，50倍

图 3-7 泥页岩顺层裂缝发育

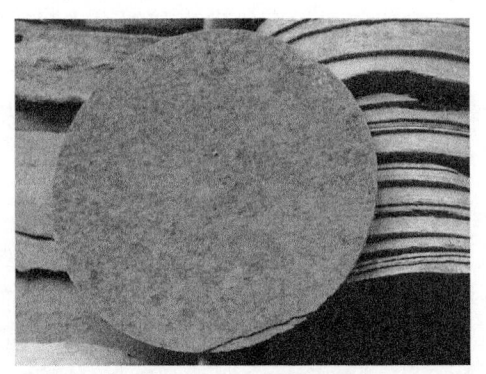

ZK37井，井深418.3m，油页岩层理含油

图 3-8 油页岩层理含油

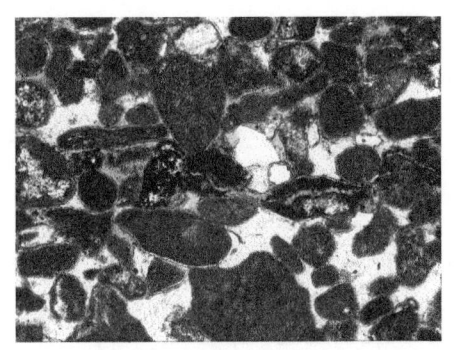

ZK37井，595m，方解石呈斑块状胶结砂屑，　　　　ZK37井，595m，含石灰质砂岩
　　粒间孔及裂缝发育100倍　　　　　　　　　　　　粒间孔发育50倍

图 3-9　砂岩储层中粒间孔及裂缝发育

3. 砂岩

大汶口组中—上段，自北向南陆源碎屑逐渐减少变细，北部砂砾岩最厚达940m以上，南部偶有少量的砂砾岩体。岩性多为不等粒长石岩屑砂岩，分选差，呈次棱角状，孔隙式胶结，胶结物为泥质、石膏、石灰质及白云质，岩屑成分为石英岩块、结晶碳酸盐岩块、蚀变云母，个别含重晶石；下部以长石中砂岩、细岩为主，分选中等，呈次圆状，基底式胶结，胶结物为石灰质，岩屑成分为结晶岩块。

收集汶ZK26井、汶ZK31井大汶口组上段的岩心砂岩计30多个样品数据，分析认为：汶ZK26井的粒度分析曲线均显示扇端和悬浮沉积的特点，粒级细、跳跃总体含量减少，有时出现过渡带，$C\text{-}M$图显示为静水状态，显示着扇端沉积的特点(图3-10至图3-12)。

汶ZK31井的粒度分析曲线显示着粒度初值较大、粒度区间大、悬浮总体含量高，呈明显的二段式，有时出现过渡带，显示着水下扇扇中和部分是扇端的沉积特点(图3-10至图3-12)。图3-10、图3-11的横纵坐标分别代表粒径和概率百分数标度。

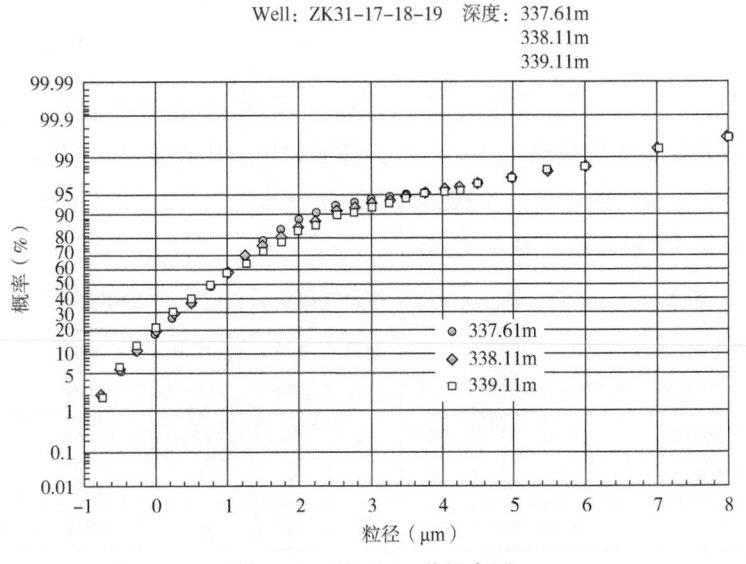

图 3-10　汶ZK31井概率图

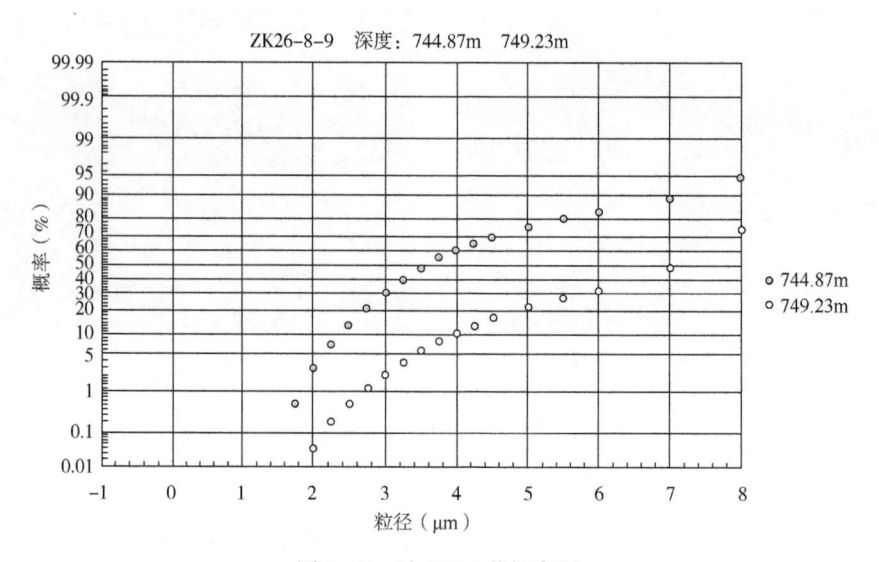

图 3-11　汶 ZK26 井概率图

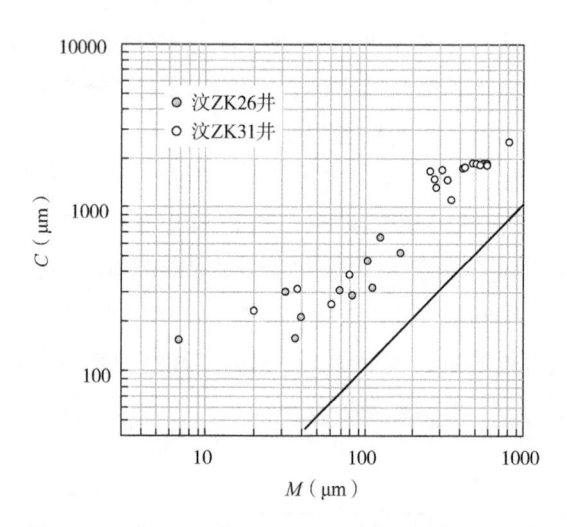

图 3-12　汶 ZK26 井、汶 ZK31 井粒度分析 C-M 图

本区储集层从前已钻探的情况表明，有效碎屑岩储层均在大汶口组中段、上段内。对 ZK26 井、ZK31 井大汶口组中段、上段的碎屑岩统计表明，靠近北部徂徕山断裂带的井碎屑岩相对多而粒度大(表 3-6、表 3-7)。

表 3-6　汶 ZK26 井、汶 ZK31 井大汶口组砂岩成分和结构统计表

岩性及沉积环境	成分及结构	石英(%)	长石(%)	岩屑(%)	盆屑(%)	基质(%)	胶结物(%)	平均粒度(mm)	粒度标准偏差	薄片数目
扇根	含砾砂岩	23	33	44	>1	7	12	0.841	1.290	21
↓	不等粒砂岩	18	23	69	>1	10	7	0.420	2.103	6
扇端	粉砂岩	33	46	21		4	14	0.074	0.074	3

第三章 鲁西地区页岩油基本地质条件分析

表 3-7 汶 ZK26 井碎屑岩厚度统计表

地层			厚度(m)	总厚度(m/层)	含砾砂岩(m/层)	砂岩(m/层)	泥质砂岩(m/层)	一般厚度(m)	占地层厚度(%)
组	段	亚段							
大汶口组	上	上	195.1	0.6/3		0.6/3		0.2	0.5
		中	194	6.0/23	0.9/2	5.1/21		0.3~0.6	4.6
		下	309	7.9/26	1.5/3	6.1/22	0.30/1	0.3~0.7	3.8
	中	上	282.8	7.9/27	1.2/3	5.6/21	1.10/3	0.3~0.8	4.1
合计				22.4/79	3.6/8	17.4/67	1.40/4		3.7

大汶口组碎屑岩储层主要为细砂岩、粉砂岩及钙质泥页岩(裂缝发育层),通过对碎屑岩厚度和主要物性统计分析,大汶口组有效储层累计厚度达60m以上(表3-8),储层物性属于中孔隙度、中低渗透率储层,该区储层物性较差的原因主要是泥质含量和钙质胶结物含量整体偏高,因而在同粒度的储层中物性显得较小(表3-8、表3-9)。

表 3-8 汶 ZK31 井碎屑岩厚度统计表

地层			厚度(m)	总厚度(m/层)	含砾砂岩(m/层)	砂岩(m/层)	泥质砂岩(m/层)	一般厚度(m)	占地层厚度(%)
组	段	亚段							
大汶口组	上	上	42.8	3.65/20	0.95/4	2.1/11	0.6/5	0.1~0.3	10.7
		中	103.0	11.0/37	5.4/20	2.6/9	3.0/8	0.3~0.6	13.4
		下	214.5	22.9/46	5.2/12	5.0/12	12.7/22	0.3~0.8	13.4
	中	上	159.0	2.6/4	0.2/1	0.9/3	1.5/8	0.1~0.3	2.1
合计				40.16/107	11.76/37	10.6/35	17.8/43		9.7

表 3-9 主要储层物性统计表

凹陷名称	层位	岩性	代表井	孔隙度(%)	渗透率(mD)	样品块数
莱芜	Es_3	灰色砂岩	ZK1	14.5	46.54	6
汶东	Es_3	灰色石灰质砂岩	ZK27	20.1	1.43	3
	Es_3	泥岩		1.1~27.4	0.02~13.9	4
	$Es_4^上$	泥岩		8.3~20.4	0.08~11.9	6
汶西	Es_3	灰色泥质砂岩	ZK6	20.4	7.21	1
	Es_3	泥岩		2.9~29.8	0.01~1067	5
	$Es_4^上$	泥岩/粉砂岩		2.7~24.3	0.04~2180	8
	$Es_4^下$	泥岩		3.0	0.01	1
汶上	Es_3	灰色泥质砂岩	上1	21.8	0.75	1

据山东省地矿局对汶东凹陷大部分钻井资料的分析认为,大汶口组上段的砂岩主要分布在凹陷的北部,靠近组徕山大断裂的下降盘附近。基于以上认识,结合汶东凹陷的构造特征和一些钻井资料分析,在北部组徕山断裂带附近有一些水下冲积扇群存在。

(三)油气储集类型分析

断裂和构造变动是形成裂缝最主要的外部应力,因而断层对泥质岩油气藏的控制规律十分明显。鲁西地区经历多期构造变动，地区内断裂发育，形成了错综复杂的裂缝和微裂隙，这一点在三台组钙质泥岩、白云质泥岩和大汶口组脆性碳酸盐岩、钙质泥岩中尤其明显，由于白云岩脆性比石灰岩大，裂缝也更发育；另一方面，由裂隙引发的地下水的活跃，为碳酸盐岩溶蚀孔洞发育提供了源源不断的物质基础，由此形成了大汶口组碳酸盐岩及钙质泥岩的裂缝含油和溶洞含油。砂岩储层主要由原生孔隙、次生裂缝及次生溶孔组成。

1. 裂缝

裂缝是致密碳酸盐岩储层的主要渗滤通道，也是重要的储集空间团。大汶口组含油层系中碳酸盐岩及泥岩储集空间以裂缝为主，依裂缝发育规模可分为以下类型。

（1）一级裂缝（贯穿于若干岩层的裂缝）：在主断裂面附近，一级裂缝发育；在Z2K6井和ZK31井中，经常看见大的裂缝切穿碳酸盐岩和泥岩互层段。一般宽1~3mm；最宽可达5mm。

（2）二级裂缝（局限于一层岩层中）：距离主断面较远，但仍受其控制，在ZK26井和ZK31井中，可以看到小规模的泥岩裂缝以及灰岩裂缝。一般宽1~2mm，常与一级裂缝共生，形成网状裂缝系统。

（3）微裂缝（以成岩裂缝为主，少量层理缝）：主要包括成岩阶段由岩石脱水形成的收缩缝，大的裂缝尾端延伸缝以及地下水压差造成的层间缝。杨雷等认为四泥质岩超微压裂缝带内，受地应力和超压的作用，靠近裂缝带等构造活动区裂缝局部扩大，构成有效的储集空间，在应力释放的同时会在超压泥质岩裂缝带内产生顺层压差，油气顺层向裂缝储层富集成藏。

上述一级裂缝、二级裂缝大多与层面垂直或成高角度斜交，一般在70°~80°之间，占总条数的65%。裂缝发育程度受构造控制，主裂缝发育方向与紧挨的断裂面延伸方向大体一致，占80%，小裂缝方向较散；裂缝分布不均匀，随岩性变化较大，质纯的碳酸盐岩中裂缝发育，泥质含量稍高的碳酸盐岩中裂缝发育较差；性脆的钙质泥岩中裂缝发育，有机质含量较高的泥岩中稍差。

2. 孔隙

1）泥岩孔隙

泥质岩本身固有空隙度非常低，如果没有外部应力使裂缝进一步扩大，泥质岩油气藏很难形成有效储集空间冈。汶东凹陷大汶口组泥质岩储层中孔隙不很发育，除大的裂缝及层间缝外，仅在少量钙质泥岩中见小的溶蚀孔隙及铸模孔。

2）碳酸盐岩孔隙

本区碳酸盐岩地层孔洞较发育，越是裂缝发育的地区，孔洞也越发育，岩心中见宽1.5~2.0cm的不规则溶孔，有的井段见溶塌构造，究其原因是裂缝发育地区，地下水相对活跃，水流的侵蚀作用，导致溶孔、溶洞加大；同时，地下水的畅通不致引起矿化度升高，碳酸盐岩结晶而阻塞裂缝，根据岩溶形成的机理，流量大，流速快，侵蚀就强烈。相对而言，白云岩比石灰岩的孔洞更发育，纯白云岩比含泥质白云岩孔洞更发育。由于石膏很少单独成层出现，基本上以团块状富存于泥岩或碳酸盐岩中，故不单独列为一类，但石膏因其易溶，极易形成孔洞，所以石膏发育的井段，储集空间较大。

3）砂岩孔隙

薄片分析资料显示，本区砂岩储集空间主要为粒间孔、粒间溶孔、粒内溶孔、粒缘孔共四种孔隙，胶结物充填和机械压实是原生孔隙度降低的主要原因。从薄片分析来看，大汶口组上段的不等粒砂岩的成分成熟度低，岩石的结构成熟度也低，越往下成熟度越高。研究表明：当砂岩中碎屑分选较好且泥质含量较低时，原生孔隙度较好，孔隙水流动较为畅通且易受有机酸影响，对长石、方解石溶蚀形成次生溶孔，当杂基含量较高时，孔隙水流动不畅，易引起孔隙水过饱和结晶而阻塞粒间孔。在对ZK26井、ZK31井两口井砂岩进行孔隙度和渗透率分析后发现，其平均孔隙度为18.14%，按照碎屑岩有效孔隙度的评价标准，应为一般—好的储层。这与其他地区的砂岩储层大相径庭，是典型的"低成熟度、高孔隙度"储层。其主要原因是裂缝的发育为地下水的流动创造了空间，以碳酸盐岩为主要胶结物的砂岩，容易受地下水溶蚀产生次生溶孔；丰富的石膏矿体加重了这种溶蚀作用。

二、生—储—盖组合特征

（一）烃源岩

鲁西隆起区发育四套烃源岩：古生界、中侏罗统三台组、古近系固城组、古近系大汶口组（表3-10）。

1. 古生界烃源岩

下古生界碳酸盐岩、泥灰岩、石灰质泥岩具有一定的生油能力，巨野地区巨2井、巨3井奥陶系灰岩中见油珠、沥青显示，阳谷聊城地区聊古1井、聊古2井奥陶系石灰岩中见油斑、油迹显示。

上古生界太原组—下石盒子组煤系暗色地层是一套较好的烃源岩，煤层、暗色泥岩生烃能力较强，寿张凹陷的聊页参1井发现气显示12段，解析气点火可燃。在济宁凹陷的鱼页参1井钻遇39层气测异常显示。另外在菏泽、定陶、梁山、巨野、嘉祥、丰沛等地也见到油气苗，尤其是原梁山县城关公社郑境村东南约250m处于1957年挖的水井气流量大，持续冒泡达九年之久。

2. 中侏罗统三台组

为一套较稳定环境下的浅湖—半深湖相暗色泥岩夹粉砂岩沉积，厚度500~800m，地化分析：剩余TOC为0.35%~0.89%、还原硫1.05%、氯仿沥青"A"为0.063%~0.109%，饱和烃19.34%~29.1%。该组地层有机质较丰富，埋深多大于1000m，已达到生烃条件，是一套比较好的生油岩。在滕县东沙1井暗色砂泥岩、泥灰岩累计厚度可达442m，占总厚度的83%，在机5井见到沥青，表明该层有过生油过程。在鱼台凹陷78-4钻孔中见到7处油浸显示，在济宁凹陷鱼页参1井见油斑、油迹显示19.82m/9层，证实了该层的生烃能力。

表 3-10 鲁西隆起烃源岩统计表

凹陷	井号	层位	井段	厚度(m)	TOC(%)	氯仿沥青"A"(%)	HC(mg/L)	S_1+S_2(mg/L)	T_{max}(℃)	R_o(%)	干酪根类型
汶西	汶2	大汶口	44~972	721	0.2~3.45 1.404(61)	0.0131~0.4437 0.10635(18)	88~1999 382(18)	0.47~15.87 4.52(39)	399~432 420(39)	0.305~0.456 0.41(20)	II_1、II_2
		大汶口	972~1467	111.5	0.65~3.17 1.79(19)	0.2621~0.3346 0.298(2)	1220~1609 1414(2)	0.63~2.53 1.58(2)	410~417 413(2)	0.3~0.622 0.45(10)	II_1、I
		大汶口	1467~1600	12	0.38	0.0537	2.51				
汶上	上1	大汶口	293~490.5	162	0.6~4.26 3.21(6)	0.1169~0.4978 0.3175(4)	308~1002 680(4)	0.65~25.56 14.2(7)	405~427 416(7)	0.347~0.481 0.41(6)	II_1、I
	上2	二叠系	389.5~590		0.5~0.79 0.67(3)	0.0021~0.0037 0.0029(2)		0.02~0.16 0.07(3)	319~535 410(3)		III
拳铺	拳4	三台	616~875.9	18	0.05~0.09 0.07(3)	0.0043~0.0056 0.00495(2)		0.0~0.02 0.01(3)	341~345 343(3)		III
鱼台	丰钾1	大汶口			0.6(14)	0.2(5)	73.4(2)	0.38(9)			
	丰钾2	大汶口			1.06(13)	0.06(6)	146.76(6)	3.09(13)			
	丰钾2	固城			0.73(3)	0.0067(2)		0.16(3)			
	78-4	三台		337	0.35~0.98	0.063~0.109					

3. 古近系固城组

主要为一套灰绿色、灰色、灰黑色、杂色泥岩,夹薄层粉砂质泥岩、砾状砂岩、煤、生物碎屑灰岩及石灰岩,属于弱还原较深湖相。生油岩累计厚度350~500m,占地层厚度的60%。该段生物化石较多,有机质较丰富。据蒙阴、平邑地区露头样品分析,剩余TOC为0.24%~1.36%、氯仿沥青"A"为0.016%~0.12%、还原硫0.01%~0.03%、铁还原系数为0.26~0.50,表明该段是一套有希望的生油岩系。

4. 古近系大汶口组

本组主要为大汶口组二段(沙三段、沙四段)烃源岩,该段地层沉积时古气候温暖湿润,湖盆稳定下沉,在咸淡交替环境下,接受了还原深湖相、咸化湖相沉积,以深灰色泥岩、泥灰岩及油页岩、白云岩、泥膏岩、硬石膏等为主,沉积物中普遍含自然硫和分散状黄铁矿。该期发育了众多生物种属,化石有植物茎叶、孢粉、腹足类、瓣鳃类、介形类、藻类、鱼类等,既有陆生淡水生物,又有过渡类型半咸水生物,组成了丰富的石油生成物质基础,且咸化环境也利于有机质保存和石油生成。这套生油岩厚300~700m,推测凹陷中可达1000m以上,一般占地层厚度的50%~90%。烃源岩地球化学分析指标为:剩余TOC为1.57%~1.93%、还原硫0.87%、氯仿沥青"A"为0.13%~0.39%、铁还原系数0.64%~0.85%、总烃达445~1600mg/L。本段烃源岩主要分布在莱芜、汶东、汶西、汶上、宁阳、成武、鱼台等凹陷。是鲁西隆起区上一套良好的生油岩系,应作为重要勘探目的层系之一。众多浅井油气显示较普遍,如莱芜凹陷有7口井、汶东凹陷21口井、汶西凹陷21口井、汶上凹陷1口、鱼台凹陷2口井,共52口井见到不同程度的油气显示,已见油气显示多在泥灰岩裂缝及页状泥灰岩的页理面中,砂岩含油显示情况较少。

(二)盖层特征及封盖能力评价

1. 研究区盖层特征

盖层研究参数很多,本报告重点应用盖层一些微观参数的研究,如孔隙度和渗透率。鲁西地区不同层位盖层的微观分析数据变化部大。常规孔隙度1%~4%,渗透率1.0~4.5mD;地层条件下饱和空气突破压力为0.1~0.5MPa,渗透率$1.67×10^{-8}$D~$1.2×10^{-7}$D;中值半径$(20~30)×10^{-6}$mm。以上这些参数与分级评价参数的Ⅲ级相当(表3-11)。

表3-11 泥岩盖层评价分类表[21]

突破压力($1×10^3$Pa)	突破时间(a/m)	遮盖系数(%)	优势孔隙(mm)	分散系数	等级
>200	>60	>3500	10~30	<3	Ⅰ
150~200	38~60	2500~3500	13~32	3.0~3.5	Ⅱ
100~150	17~38	1700~2500	10~63	3.5~4.5	Ⅲ
<100	>17	<1700	分散	>4.5	Ⅳ

综观鲁西及其相邻地区盖层类型,按照普遍分类特点,研究区盖层从岩性上看,主要分为三大类,即泥页岩(包括铝质泥岩)、蒸发岩和石灰岩等。其中以泥页岩最为发育、分布最广,为最主要盖层。

根据盖层的连通和连续性分布情况,可将盖层分为区域盖层、局部盖层和隔层。区域盖层分布面积广，厚度大，横向稳定性好；局部盖层分布面积小，位于圈闭储集层上方，横向分布不稳定；隔层存在于圈闭内，厚度也小得多。根据盖层在封闭油气中所起的作用又可将盖层分为真盖层和假盖层。假盖层是指位于储层与盖层之间的过渡岩层，既不具有储层的性质，又不能作为盖层。假盖层一般为泥质粉砂岩、致密泥质砂岩、裂隙泥岩、裂隙硬石膏和石灰岩等。

在鲁西地区，新生代发育的岩盐类盖层属于区域性盖层，在一些新生代盆地发育厚度大的岩盐层，如鱼台凹陷、成武凹陷、大汶口凹陷，岩盐覆盖整个凹陷，是好的区域性盖层。泥岩作为盖层的情况比较复杂，有些可以作为局部盖层，在某个具体凹陷内具有实际意义。

通过济宁—鱼台凹陷三台组盖层发育情况分析（图3-13），泥岩可以作为较好的一类盖层，在鱼页参1井中，在三台组二段中部发现丰富的油气显示，由于三台组二段中上部泥岩发育，连片性较好，易于形成区域性盖层。

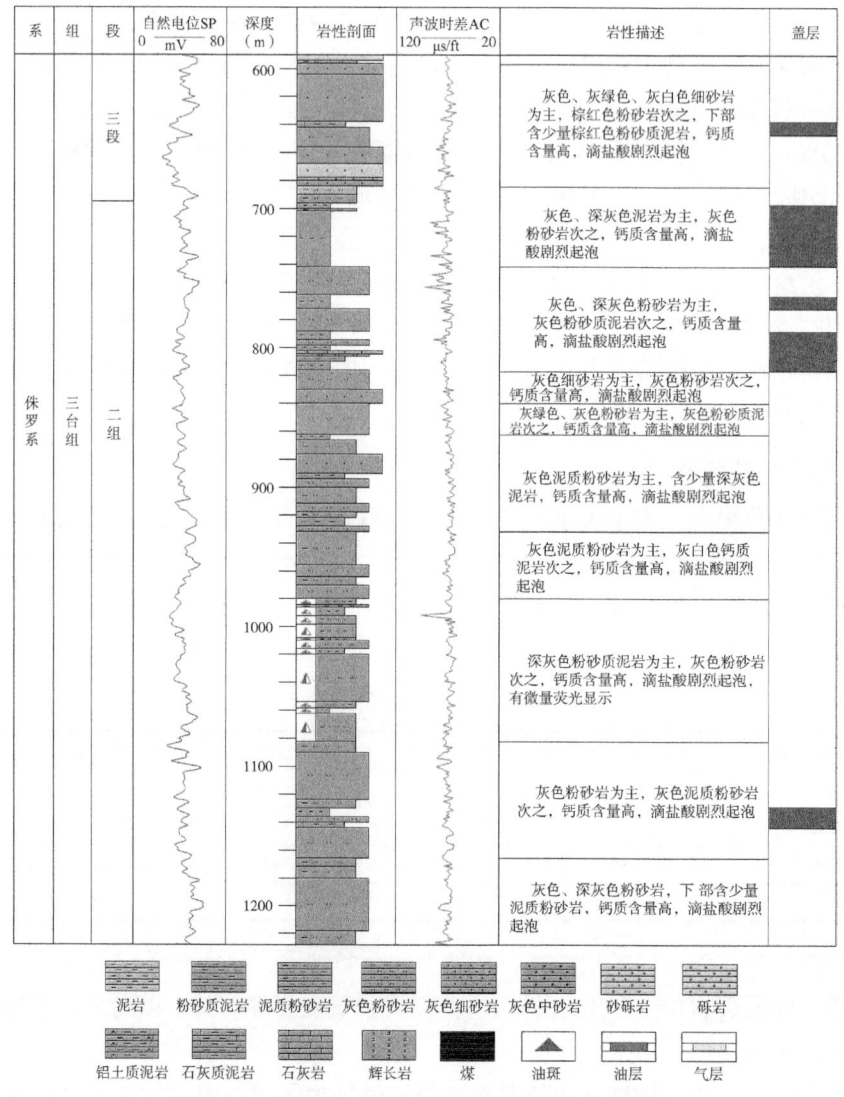

图3-13 鱼页参1井三台组盖层发育情况柱状图

2. 盖层封闭机理分析

各种盖层岩石的结构和物理性质，在地质发展过程中是不断变化的，故它们对油气的封盖能力也是一个变化的动态过程。如泥岩沉积时为高孔隙度的软泥，随着埋深压实，其封盖能力逐步提高。当进入生烃门限深度后，由于受热膨胀和烃类的产生，常形成异常高压，且塑性增强，故其封盖性能最好。此后，若埋深进一步加大，成岩程度相应提高，脆性增强，微裂缝形成，加上蒙脱石转化为伊利石，封盖能力反而有所下降。若经构造运动抬升，其异常压力释放，温度降低，裂缝进一步发育，封盖性能将更快下降。

比较鲁西地区的各套地层，以古近系埋深适当，异常高压普遍存在，正处于封盖性能最佳时期，而上古生界由于演化程度高，再加后期回返抬升，其封盖性能已经下降。油气的运移、扩散是绝对的，而聚集、保存是相对的，再好的封盖条件也会存在一定的扩散。因此煤成气藏的形成与保存又是一个聚集与扩散的动态平衡过程。当在一定封盖条件下形成油气藏以后，若没有气的继续补充，经过长期扩散仍会散失殆尽。由此推想，油气藏形成的年代越老，其所要求的盖层条件越高，现今保存率越低；反之，油气藏形成的年代越新，所要求的盖层条件则相对较低，其现今的保存率也就越高。

初步对鲁西地区煤成气成藏所要求的封盖条件进行定量计算如下：

计算公式：

$$Q/F = DC_o t/H$$

式中 Q/F——单位面积扩散量，m^3/km^2（地下体积）；

D——扩散系数，m^2/a；一般为$(3.15 \sim 3.15) \times 10^{-5} m^2/a$。上古生界的封盖性较差，取 $3.15 \times 10^{-5} m^2/a$；

C_o——岩石中天然气原始浓度，为含气饱和度和孔隙度的乘积；这里设饱和度均为 100%，孔隙度上古生界取 10%，下古生界、古近—新近系取 15%；

t——扩散时间（年），上古生界一次成气期取 190Ma；上古生界二次成气和古近系成气均取 20Ma；

H——盖层厚度，这里选取 5m、10m、20m 三个厚度分别计算。

将各项参数代入上述公式计算。以上古生界一次成气为例，若盖层厚度等于 5m，则迄今每 1000m^3 已扩散 $1200 \times 10^4 m^3$（地下体积）的天然气。

再将上述结果换算为气藏不致完全破坏所需气层的最小厚度（h），则：

$$h(m) = \frac{Q/F}{S\Phi}$$

式中 S——气藏面积，m^2；

Φ——孔隙度，%。

经过初步换算，上古生界一次成气期的气藏要保存到现在，若盖层厚度为 20m，则气层的厚度必须大于 30m，若盖层为 5m 时，则气层厚度必须大于 120m。实际上，上古生界砂岩单层厚度很少超过 30m，极难满足这一条件，故可以认为，它在一次成气期所形成的气藏再好的盖层也难盖住，目前绝大多数都已经破坏。依次类推，对上古生界二次成气形成的气藏来说，当初的盖层现在还可封住一定的油气，而对古近系形成的油气藏来说，现有的封盖条件足以保存住相当丰富的油气，其油气保存率相对较高。

3. 盖层封闭有效性的影响因素

除不同的岩类、不同的发育程度形成了不同的油气盖层条件外，岩石结构的不同也必然影响到盖层性能。如上古生界的泥质岩因含砂较多，其盖油气性能就不如古近系的泥质岩。又如上古生界的泥质岩因经长期固结演化，质硬性脆，裂隙比较发育，减低了其封盖能力。由于蒙脱石水化膨胀，可以堵塞孔隙，对封盖有利，但本区上古生界泥质岩含蒙脱石较少，再加上上古生界的泥质岩因长期固结演化，质硬性脆，裂隙比较发育，降低其封盖能力。而古近—新近系泥质岩含蒙脱石较多。这些都是上古生界泥质岩的封盖性能不如古近系泥质岩的原因。盖层物性的测定是上述这些微观因素的定量反映。对照该盖层的评价标准（表3-10），鲁西地区上古生界和古近系的泥质岩多属Ⅱ级较好盖层。本区铝土岩及铝土质泥岩多属Ⅰ—Ⅱ级较好盖层类型。另下古生界泥质岩、泥晶灰岩、白云岩的突破压力、遮盖系数也较高。尽管由于样品太少和岩石的不均一性，这些数据难以全面反映各层系泥质岩的真实封盖性能，但却是我们全面分析盖层的一种重要参考数据。

据目前的研究现状，盖层封闭油气的机理有三种，即毛细管封闭、超压封闭和烃浓度封闭[21]。毛细管封闭的机理是由于盖层与储层岩石之间存在排替压力差，盖层与储层之间的排替压力差越大，盖层物性封闭能力越强；反之，盖层和物性封闭能力越弱。排替压力是反映盖层物性封闭能力最根本、最直观的评价参数。这种物性封闭机理在国内外的大多数油气田都普遍存在。盖层的压力封闭只能存在于欠压实具异常孔隙流体压力的泥质岩中，主要依靠孔隙流体超压来封闭油气，明显优于毛细管封闭，它不仅可以封闭游离相运移的油气，还可以封闭住水溶相运移的油气。盖层的烃浓度封闭主要是依靠盖层孔隙水中的含气浓度来阻止分子扩散相天然气运移，因为这种封闭作用是由于烃浓度引起的，因此将其称为烃浓度封闭作用。

1）毛细管封闭

盖层在通常情况下，地下岩石中的孔隙是被水饱和的，游离相的油气要在岩石孔隙中渗滤运移，就必须排替出孔隙水，否则难以运移。由于岩石一般是亲水的，油（水）水—岩石三相接触产生的毛细管力是指向油气相的，因此，油气要通过盖层岩石孔隙运移，必须克服这种毛细管力。盖层之所以能封闭住储层中的油气，是因为盖层岩石与储层岩石之间存在着明显的物性差异，即盖层岩石较储层岩石具有更小的孔喉半径。根据排替压力的定义（岩石中润湿相流体被非润湿相流体排替所需要的最小压力，它的数值大小等于岩石中最大连通孔喉的毛细管压力），盖层岩石较储层岩石具有更大的排替压力，即盖层岩石与储层岩石之间存在着排替压力差。

由于盖层与储层岩石之间存在着排替压力差，造成了盖层对储层中油气的封闭作用，称为盖层的毛细管封闭作用。盖层与储层岩石之间的排替压力差越大，盖层的毛细管封闭能力越强，反之越弱。排替压力是反映盖层物性封闭能力最根本、最直观的评价参数。

2) 压力封闭特征

盖层的这种封闭机理只能存在于欠压实且具异常孔隙流体压力的泥质岩盖层中，主要是依靠孔隙流体超压来封闭油气的。正常压实情况下，地层孔隙水流动的速度是十分缓慢的，可将地层压力近似为静水压力，而其大小由下向上是递减的。油气在地层压力下，应当由下向上进行渗滤运移。但是，当盖层欠压实具异常孔隙流体压力时，其内地层孔隙流体超压明显高于上下正常压实地层中的孔隙流体压力，使原来正常向上递减的压力在盖层处减小，乃至产生向下递减的压力。从而使油气在盖层处由于地层压力的作用，向上的运移量减小甚至停止。这表明盖层对油气已起到封闭作用，称为超压封闭。

由此可知，盖层超压封闭是依靠其内的孔隙流体超压封闭油气的，明显优于毛细管封闭，它不仅可封闭游离相运移的油气，还可封闭住水溶相运移的油气。盖层超压封闭能力的强弱关键取决于异常孔隙流体压力的大小，异常孔隙流体压力的越大，则封闭能力越强，反之越弱。欠压实泥岩盖层异常孔隙流体压力的大小主要取决于其欠压实程度和厚度大小，盖层的欠压实程度越高，厚度越大所产生的异常孔隙流体压力越大，反之则越小[22]。目前研究表明，欠压实泥岩盖层的形成和存在是有条件的。造成泥岩欠压实的主要原因有：(1)沉积速率与压实排液不相平衡，(2)水热增压，(3)黏土矿物转化脱水，(4)油气的大量生成；而且它只是泥岩压实成岩演化过程中的一个阶段性产物，主要形成于泥岩晚成岩阶段。

3) 烃浓度封闭特征

盖层的这种封闭机理又是比较特殊的，主要是依靠盖层孔隙水中的含气浓度来阻止分子扩散相天然气运移的封闭作用。由于这种封闭作用是烃浓度引起的，因此称为烃浓度封闭作用。正常情况下，由于受温度、压力、矿化度等条件的影响，天然气在地层孔隙水中应具有向上递减的含气浓度，并在浓度梯度的作用下，向地表发生扩散运移。然而，当盖层为生烃岩时，其生成的天然气溶于地层孔隙水，从而增大了其中的含气浓度，使原来储盖层之间向上递减的含气浓度减小，造成向上扩散作用减弱。如果盖层同时又具有异常孔隙流体压力，则使孔隙水中的含气浓度进一步增大，甚至出现向下递减的含气浓度梯度，从而对下伏储层中扩散运移的天然气形成烃浓度封闭作用。

4. 盖层封盖能力的综合评价

对盖层封闭性的评价日趋综合化和定量化，既考虑了盖层宏观特征，又兼顾了盖层微观封闭能力，使盖层封闭性的评价结果更全面，且更能反映盖层的实际封闭能力。排替压力、异常孔隙液体压力、含气浓度和盖层厚度、沉积环境分别是影响盖层微观封闭能力和空间展布的主要因素。所以，将其作为盖层封盖油气能力的评价参数。

泥质岩盖层的排替压力、异常孔隙液体压力和异常含气浓度是决定泥质盖层毛细管封闭、压力封闭及烃浓度封闭能力的主要影响因素。因而，将其选为泥质盖层微观封闭能力综合评价参数。

通过一定计算可以得到利用泥质岩盖层封盖性能综合评价权值划分泥质岩盖层封盖性能的等级标准(表3-12)。

表 3-12　泥质岩盖层封盖能力综合评价等级

泥岩盖层封盖能力评价等级	好	较好	中等	差
综合评价权值	>3.5	2.5~3.5	1.5~2.5	1.5

（三）生—储—盖组合

根据沉积特征和储层发育特征，鲁西隆起区主要存在 6 种生—储—盖组合配置（表 3-13）。

表 3-13　生—储—盖组合配置表

	组合类型	主要分布地区
自生自储	古近系大汶口组自生自储自盖组合	汶东、汶西、汶上、宁阳、泗水、莱芜、成武等凹陷
	古近系固城组自生自储自盖组合	蒙阴、平邑等凹陷
	中生界侏罗系三台组自生自储自盖组合	成武
	中生界侏罗系三台组自生自储自盖组合	济宁、鱼台
	上古生界二叠系太原组、山西组、下石盒子组自生自储自盖组合	寿张、济宁、莱芜、临沂、枣庄、新汶
	下古生界寒武系、奥陶系自生自储自盖组合	阳谷、嘉祥等凸起区
新生古储	古近系大汶口组生、古生界碳酸盐岩溶蚀孔洞型储层储、碳酸盐岩及泥岩盖组合	阳谷凸起
古生新储	上古生界煤系暗色泥页岩生、新生界孔隙型砂岩及裂缝型泥页岩储、新生界泥页岩盖组合	菏泽、定陶、梁山、巨野、嘉祥、丰沛、阳谷等
	古近系大汶口组暗色泥页岩生、新近系孔隙型砂岩储、新近系泥岩盖组合	阳谷凸起

1. 自生自储型

1) 古近系大汶口组自生自储自盖组合

生油岩主要为咸化湖碳酸盐岩、泥岩、油页岩为主，储层为烃源岩所夹孔隙型砂岩和裂隙缝洞型致密砂岩、泥页岩等。目前该层段在汶西、汶东、莱芜、汶上等凹陷发现油气显示。

2) 古近系固城组自生自储自盖组合

生油岩是泥岩、泥灰岩、煤及碳质泥岩，储层主要为孔隙型砂岩。这类组合在蒙阴、平邑地区可能存在。

3) 中生界侏罗系三台组自生自储自盖组合

生油岩主要为泥岩、页岩，储层为烃源岩所夹孔隙型砂岩和裂隙缝洞型致密砂岩、泥页岩等。目前该层段在济宁、鱼台等凹陷发现油气显示。

2. 新生古储型

古近系大汶口组生、古生界碳酸盐岩溶蚀孔洞型储层储、碳酸盐岩及泥岩盖组合生油岩主要是古近系大汶口组泥岩、油页岩，储层为古生界裂隙缝洞型碳酸盐岩，以潜山形式成藏。此类生—储—盖组合成藏的例子曾在阳谷凸起聊古1井奥陶系风化壳被发现[23]，经测试日产水1650m³，见油花及稠油块，经化验分析油源对比原油来自古近系。

3. 古生新储型

上古生界煤系暗色泥页岩生、新生界孔隙型砂岩及裂缝型泥页岩储、新生界泥页岩盖组合生油岩主要是上古生界太原组、山西组和下石盒子组煤层、碳质泥岩、泥页岩，生成的油气经断层等疏导系统向上运移至新生界砂岩储层或裂缝型储层内成藏。目前此类生—储—盖组合成藏见到实例，如在阳谷凸起聊古1井第四系平原组100~200m见甲烷气，在菏泽、定陶、梁山、巨野、嘉祥、丰沛等地的水井、浅井中见到气苗，其中梁山境内发现5处气苗，尤其是原梁山县城关公社郑境村东南约250m处于1957年挖的水井气流量大，持续冒泡达九年之久。另外在阳谷凸起上钻探的聊古1井在新近系馆陶组601.5~612.0m灰黄色粉细砂岩中见油斑4.5m/2层，其油源可能来自古近系大汶口组，也基本属于这种生—储—盖组合类型。

第五节 页岩油有机地球化学特征

根据前人认识，鲁西隆起区主要发育四套烃源岩，分别为古生界、中侏罗统、古近系固城组、古近系大汶口组。而对济宁、鱼台凹陷中生界侏罗系目前未开展评价工作。因此，本次评价充分利用新钻鲁页油1井分析化验资料，结合区域地层、沉积等因素，分析研究区侏罗系生油条件。汶东凹陷主要评价古近系大汶口组烃源岩。

页岩油生油条件评价参数除总有机碳含量(TOC)、有机质类型和热演化程度等基础地球化学参数外，可溶烃S_1和氯仿沥青"A"能够反映残留烃量，是页岩油评价的关键指标[24]。

一、侏罗系三台组有机地化特征

济宁、鱼台凹陷发育侏罗系三台组，从鲁页油1井钻井揭示来看，主要发育暗色泥岩、粉砂质泥岩为该区的烃源岩。

（一）有机质丰度

有机质丰度是评价烃源岩生烃潜力的重要依据，我国早已形成一套湖相泥岩类烃源岩有机质丰度评价规范，见表3-14。

表3-14 我国湖相泥岩类烃源岩有机质丰度评价指标

指标	非烃源岩	烃源岩级别		
		差	中等	好
有机碳(%)	<0.4	0.4~0.6	0.6~1.0	>1.0
氯仿沥青"A"(%)	<0.01	0.01~0.05	0.05~0.1	>0.1
总烃(mg/L)	<100	100~200	200~500	500~1000
S_1+S_2(mg/g)	<0.5	0.5~2.0	2.0~6.0	>6.0

鲁页油1井在井段654~819.058m取样品50个，进行了有机碳含量、热解，氯仿沥青"A"、镜质组反射率分析(表3-15)。有机碳含量分析，鲁页油1井烃源岩有机碳含量在0.37%~1.61%之间，平均有机碳含量为0.65%。氯仿沥青"A"含量在0.0012%~0.1518%之间，平均值为0.0192%。生烃潜量(S_1+S_2)在0.68~3.67mg/g之间，平均值为0.62。

表3-15 济宁-鱼台凹陷有机质丰度统计表

井号	有机碳含量(%) 范围	有机碳含量(%) 平均	氯仿沥青"A"(%) 范围	氯仿沥青"A"(%) 平均	生烃潜量S_1+S_2(mg/g，岩石) 范围	生烃潜量S_1+S_2(mg/g，岩石) 平均
鲁页油1井	0.37~1.61	0.65	0.0012~0.1518	0.0192	0.68~3.67	0.62
鱼页参1井	0.20~5.53	0.68	0.0938~0.2255	0.1328	0.11~11.67	1.07

鱼页参1井在井段985.30~1077.92m取样品24个，进行了有机碳含量、热解，氯仿沥青"A"、镜质组反射率分析，饱和烃色谱、色质等化验分析。鱼页参1井有机碳含量分析，侏罗系烃源岩有机碳含量在0.2%~5.53%之间，平均有机碳含量为0.68%，反映了该井有机碳含量具有较强的非均质性。氯仿沥青"A"含量较鲁页油1井高，在0.0938%~0.2255%之间，平均值为0.1328%，可能与所取样分析的位置有关。生烃潜量(S_1+S_2)在0.11~11.67mg/g之间，平均值为1.07mg/g，也反映了较强的非均质性。综合两口井的有机质丰度指标，按照有机质丰度评价标准，该井侏罗系三台组烃源岩属于综合评价整体上为中等烃源岩，非均质性强，部分层段达到好烃源岩评价标准。

(二)有机质类型

有机质类型是衡量烃源岩中有机质质量的指标，它决定了烃源岩中有机质的生烃潜量和所生烃的性质(以油为主，还是以气为主)[25]。实际上，烃源岩中有机质类型直接影响一个沉积盆地的含油气远景。研究有机质类型的方法很多，概括起来就是对烃源岩有机质中的不溶有机组分(干酪根)和可溶有机组分的化学组成和结构特征进行分析研究，以获取确定有机质类型的参数。

镜检是在镜下直接观察干酪根的形态、结构、颜色、先源物质等最直观的方法，可以直接测得干酪根组成，即类脂体(腐泥组)、壳质组、镜质组和惰质组的不同比例[26]。干酪根不同显微组分组合特征，代表了不同的有机质类型。可以通过测定各组分的相对百分含量，利用有机质类型指数(TI)来划分有机质类型：TI=(腐泥组含量×100+壳质组含量×50-镜质组含量×75-惰质组含量×100)/100。根据TI指数分类标准：TI>80为Ⅰ型干酪根；40<TI<80属于Ⅱ₁型干酪根；0<TI<40属于Ⅱ₂型干酪根；TI<0为Ⅲ型干酪根。通过计算TI值就能得到鲁页油1井侏罗系烃源岩干酪根的类型(表3-16)。鲁页油1井侏罗系烃源岩类型以Ⅲ型为主，局部有少量的Ⅰ型、Ⅱ₁和Ⅱ₂型。

表 3-16 鲁页油 1 井侏罗系干酪根显微组分和类型鉴定数据表

分析编号	深度 (m)	腐泥组含量 (%)	壳质组含量 (%)	镜质组含量 (%)	惰质组含量 (%)	类型指数	有机质类型
Y210328001	654.00	92	1	5	2	86.75	Ⅰ
Y210328003	656.00	8	2	85	5	-59.75	Ⅲ
Y210328005	657.95	85	5	7	3	79.25	Ⅱ₁
Y210328007	659.45	8	6	77	9	-55.75	Ⅲ
Y210328009	661.40	5	5	80	10	-62.50	Ⅲ
Y210328014	664.45	5	6	77	12	-61.75	Ⅲ
Y210328017	666.35	5	5	75	15	-63.75	Ⅲ
Y210328019	667.65	5	5	80	10	-62.50	Ⅲ
Y210328021	670.20	60	7	26	7	37.00	Ⅱ₂
Y210328023	672.35	1	6	85	8	-67.75	Ⅲ
Y210328026	675.50	1	1	85	13	-75.25	Ⅲ
Y210328034	684.15	1	2	87	10	-73.25	Ⅲ
Y210328035	685.20	17	5	70	8	-41.00	Ⅲ
Y210328039	687.35	10	6	75	9	-52.25	Ⅲ
Y210328042	691.15	9	5	76	10	-55.50	Ⅲ
Y210328044	692.30	63	6	22	9	40.50	Ⅱ₁
Y210328045	692.90	85	2	10	3	75.50	Ⅱ₁
Y210328046	693.90	93	1	4	2	88.50	Ⅰ
Y210328047	694.20	95	1	3	1	92.25	Ⅰ
Y210328048	694.65	95	1	3	1	92.25	Ⅰ
Y210328049	697.65	8	3	80	9	-59.50	Ⅲ
Y210328050	698.00	—	1	90	9	-76.00	Ⅲ
Y210328052	699.85	2	3	82	13	-71.00	Ⅲ
Y210328054	700.55	1	2	89	8	-72.75	Ⅲ
Y210328056	703.40	—	1	87	12	-76.75	Ⅲ
Y210328058	704.55	1	1	91	7	-73.75	Ⅲ
Y210328059	706.05	1	1	90	8	-74.00	Ⅲ
Y210328062	708.15	87	3	8	2	80.50	Ⅰ
Y210328067	710.80	13	4	75	8	-49.25	Ⅲ
Y210328068	711.10	87	3	6	4	80.00	Ⅰ
Y210328072	714.75	—	1	85	14	-77.25	Ⅲ

续表

分析编号	深度（m）	腐泥组含量（%）	壳质组含量（%）	镜质组含量（%）	惰质组含量（%）	类型指数	有机质类型
Y210328075	716.90	6	4	80	10	−62.00	Ⅲ
Y210328078	719.70	2	5	85	8	−67.25	Ⅲ
Y210328080	721.70	47	5	40	8	11.50	Ⅱ$_2$
Y210328082	726.15	2	3	88	7	−69.50	Ⅲ
Y210328085	728.50	1	1	90	8	−74.00	Ⅲ
Y210328091	733.30	—	1	90	9	−76.00	Ⅲ
Y210328094	736.20	—	1	87	12	−76.75	Ⅲ
Y210328098	738.55	—	—	85	15	−78.75	Ⅲ
Y210328102	742.50	—	1	90	9	−76.00	Ⅲ
Y210328106	747.10	1	1	86	12	−75.00	Ⅲ
Y210328115	755.25	5	5	82	8	−62.00	Ⅲ
Y210328121	765.17	43	5	45	7	4.75	Ⅱ$_2$
Y210328125	770.30	1	1	88	10	−74.50	Ⅲ
Y210328131	786.45	7	3	80	10	−61.50	Ⅲ
Y210328138	807.05	5	6	80	9	−61.00	Ⅲ
Y210328142	819.05	15	7	72	6	−41.50	Ⅲ

生物标志物地球化学研究结果表明不同碳数的甾烷对应不同类型的生物体，如 C_{29} 甾烷主要来源于高等植物，而 C_{27} 甾烷则主要来源于低等生物藻类的[27]。因此，烃源岩中甾烷碳数的相对组成特征可提供有关有机质生源构成方面的重要信息。由于来源不同的有机质不但具有完全不同的生烃能力，而且所生烃的性烃源岩类型质也存在本质差异。因此，依据烃源岩中甾烷的碳数组成特征也可定性判断烃源岩中有机质的类型，进而间接地达到预测其生烃潜力和所生烃性质的目的[28]。

鲁页油 1 井侏罗系烃源岩具有完全不同的碳数组成特征。如图 3-14 所示，不同深度烃源岩中甾烷系列的分布呈现出 C_{27} 甾烷与 C_{29} 甾烷的丰度各有高低的特征，显示出低等生物藻类来源的有机质与高等植物来源的有机质并存的特点，而多数样品中 C_{29} 甾烷占优势，也说明了高等植物输入要占主导，这也间接佐证了显微组分中测定的有机质类型主要为Ⅲ型酪根，局部见少量的Ⅰ型、Ⅱ$_1$ 和Ⅱ$_2$ 型干酪根。

（三）成熟度

镜质组反射率 R_o 一直是人们最关注的有机质热演化指标，它表征了显微组分中的镜质组分在热演化过程中"晶体"的形成和向石墨型晶体的转化，其可靠性和普适性已从理论上和实践中得到证实。故镜质组反射率 R_o 为首选的有机质成熟度指标[29]。

(a) 鲁页油1井, 661.4m, 三台组

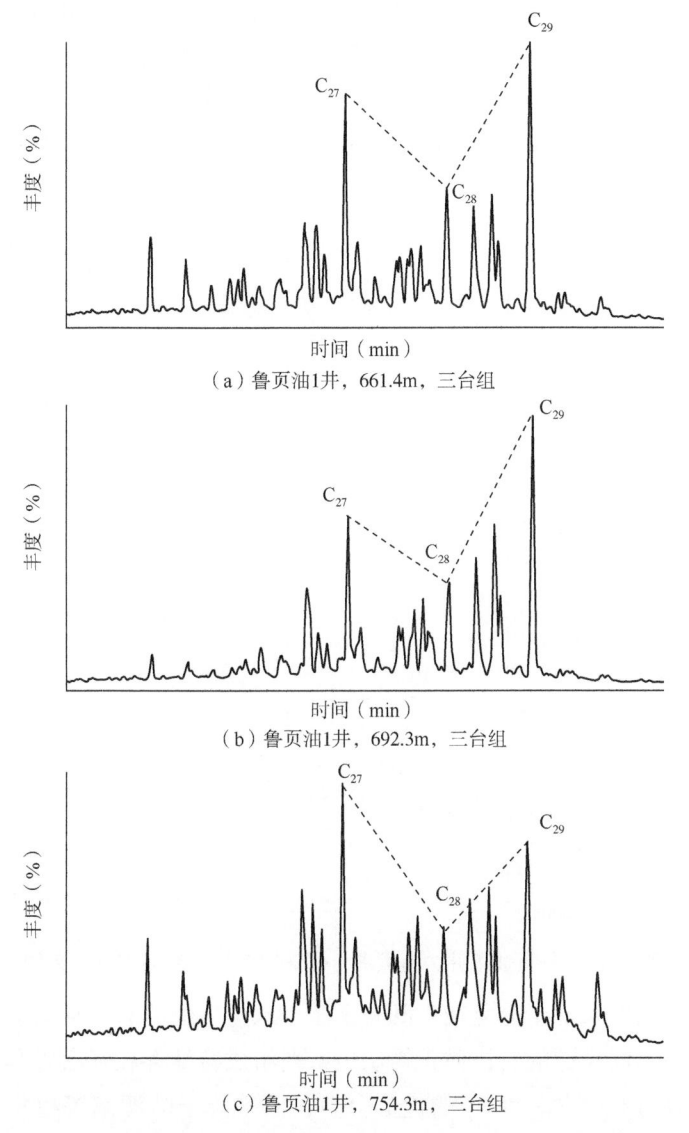

(b) 鲁页油1井, 692.3m, 三台组

(c) 鲁页油1井, 754.3m, 三台组

图 3-14 鲁页油 1 井侏罗系烃源岩甾烷分布图

图 3-15 是鲁页油 1 井与鱼页参 1 井烃源岩中镜质组反射率与深度的剖面图，实测数据表明该区侏罗系与下部二叠系镜质组反射率 R_o 基本都大于 0.5%，表明该区烃源岩早已进入生油门限，均属有效烃源岩，且均已发生了一定的生排烃作用。从烃源岩镜质组反射率数据的变化来看，从 600~2500m 深度区间其 R_o 介于 0.6%~2.0% 之间，鲁页油 1 井侏罗系成熟处于成熟—高成熟阶段，而下部二叠系成熟度主要为成熟阶段。

烃源岩中的可溶有机质是有机显微组分热演化的产物，而从另一角度来看，滞留在烃源岩中的烃类又都随烃源岩一起继续演化。但是，由于分子地球化学参数是有机质"平均化"了的化学成分或结构特征的反映，易受有机质组成和沉积环境的影响[30]。因此，它们不像 R_o 值那样在表征有机质热演化程度方面具有普适性，但它们能在一定程度上弥补镜

质组反射率的不足。目前常用的分子成熟度参数包括正构烷烃系列的奇偶优势指数 CPI、三萜烷中 Ts/Tm 比值、C_{29} 甾烷 20S/20S+20R 和 $\beta\beta/\alpha\alpha+\beta\beta$ 比值、芳香烃组成中的甲基菲指数或比值等，它们可以起到互补的作用，但后几项对沉积环境及成熟度范围较为敏感，使用时需谨慎，因此本次主要利用正构烷烃系列的奇偶优势指数 CPI 反映烃源岩的成熟阶段。

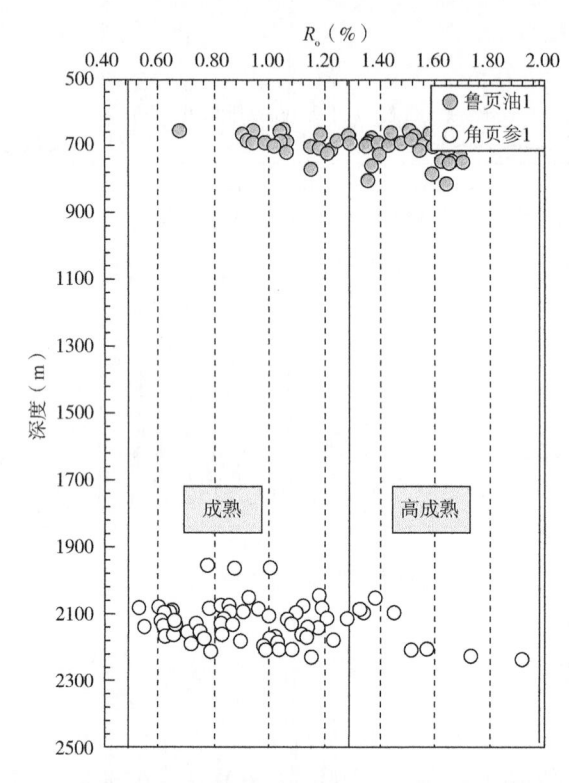

图 3-15 鲁页油 1 井、鱼页参 1 井侏罗系烃源岩与埋深关系图

烃源岩中有机质的来源十分复杂，既有来源于水生生物的有机质又有来源于陆源高等植物的有机质，而不同来源的有机质正构烷烃系列组成特征存在显著差异，如藻类有机质中正构烷烃系列具有 C_{15}、C_{17} 和 C_{19} 的优势分布，而来源于陆源高等植物的有机质则具有 C_{25}、C_{27}、C_{29}、C_{31} 和 C_{33} 的奇碳优势特征，且这一奇碳优势特征会随有机质成熟度的升高而逐渐下降直至消失。因此，对于有陆源有机质输入的烃源岩，依据正构烷烃系列奇偶优势指数 CPI 的变化可剖析有机质的热演化作用[31]。

表 3-17 是鱼页参 1 井侏罗系样品中正构烷烃系列奇偶优势指数 CPI 的变化随深度的变化。可以发现正构烷烃系列奇偶优势指数 CPI 均趋于 1.0，正构烷烃系列奇偶优势指数 CPI 值小于 1.2，正构烷烃系列奇偶优势消失，表明烃源岩的有机质已完全成熟。

表 3-17 鱼页参 1 井正构烷烃与类异戊二烯烷烃参数表

井号	井深(m)	主峰碳	CPI	OEP	C_{21-}/C_{22+}	Pr/nC_{17}	Ph/nC_{18}	Pr/Ph
鱼页参 1 井	985.39	C_{17}	1.09	1.11	0.71	0.42	1.4	0.6
鱼页参 1 井	994.07	C_{19}	1.08	1.08	0.6	1.23	3.15	0.45

续表

井号	井深(m)	主峰碳	CPI	OEP	C_{21-}/C_{22+}	Pr/nC_{17}	Ph/nC_{18}	Pr/Ph
鱼页参1井	1015.56	C_{23}	1.17	1.11	0.36	0.77	1.76	0.42
鱼页参1井	1017.08	C_{23}	1.19	1.11	0.4	0.77	1.73	0.42
鱼页参1井	1025.53	C_{27}	1.07	1.03	0.39	0.18	0.29	0.87
鱼页参1井	1032.98	C_{27}	1.08	1.07	0.46	0.17	0.4	0.87

（四）油源对比

济宁凹陷鱼页参1井的含油砂岩和鲁页油1井饱和烃藿烷及类异戊二烯烃系列生物标志化合物及相关参数的分布特征具有如下特点：(1)基本不含β-胡萝卜烷；(2)姥植比相对较高，介于0.4~0.9之间，平均值为0.6；(3)重排化合物含量较高，类型全(重排补身烷、重排藿烷、重排甾烷)；(4)普遍含有较高未知藿烷和奥利烷；(5)原油成熟度较高，成熟度SM值介于0.4~0.6之间。鱼页参1井含油层段的生物标志物与鲁页油1井有较强的可对比性，但也具有一定的差异性。由于缺少下部二叠系烃源岩相关的生物标志物参数对比，该研究区侏罗系的油源还有待进一步研究。

(a) 鲁页油1井，661.4m，三台组

(b) 鲁页油1井，692.3m，三台组

(c) 鲁页油1井，754.3m，三台组

(d) 鱼页参1井，994.07m，含油砂岩

(e) 鱼页参1井，1017.08m，含油砂岩

(f) 鱼页参1井，1032.98m，含油砂岩

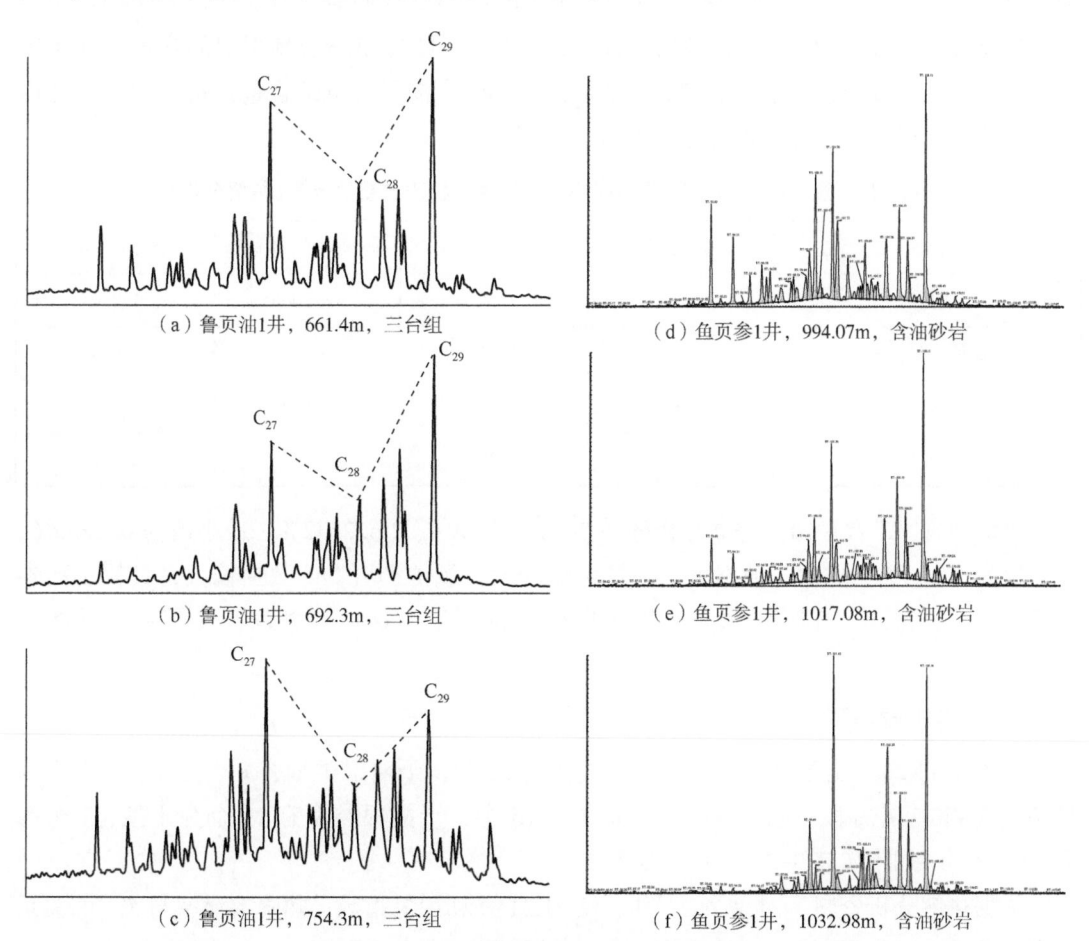

图3-16 济宁—鱼台凹陷三台组油源对比分析

二、古近系大汶口组有机地球化学特征

汶东凹陷内，大汶口组上段和中段的暗色黏土岩、页岩、碳酸盐岩地层是主要的烃源岩。大汶口组中段的烃源岩是与夹在泥灰岩、石膏岩和膏质泥岩中。上段是泥岩、页岩与泥灰岩、含硫灰岩和石膏、含膏泥岩呈互层，且由下向上是泥页岩逐渐增多，由油页岩渐变为泥岩。

（一）有机质丰度

收集汶ZK26井在井段173.54~990.08m样品46个，其中大汶口组上段29个，大汶口组下段17个。汶ZK31井在井段84.23~606.49m选取样品57个，其中大汶口组上段25个，大汶口组下段22个。这些烃源岩样品进行了有机碳含量、热解分析，并选取其中两口井26块样品做了干酪根类型、氯仿沥青"A"、镜质组反射率。

有机碳含量分析表明，烃源岩有机碳含量在0.76%~5.25%之间，平均值为2.56%。其中汶ZK26井有机碳含量为0.78%~6.3%，平均值为3%；汶ZK31井为0.6%~6.29%，平均值为2.5%。两口井的有机碳含量均评价为较高丰度烃源岩。对这两口井中的烃源岩进行分类统计发现，源岩中油页岩有机碳含量较大，页岩和泥岩具相似的含量，处于中值，而石灰质、砂质、膏质泥岩含量最低（表3-18）。按照有机碳含量评价标准，本区内绝大多数为好烃源岩，并且均为较好烃源岩及以上。

表3-18 汶ZK26、ZK31井不同烃源岩岩性有机碳含量统计表（热解分析）

岩性	样品数（个）	平均值（%）	最大值（%）	最小值（%）
油页岩	26	3.942	6.300	1.250
褐灰色、灰色页岩	33	2.885	6.832	0.613
灰色、深灰色泥岩	16	3.083	6.992	0.584
石灰质、砂质、膏质泥岩	9	1.776	3.820	0.165

氯仿沥青"A"含量两口井共分析样品26个，最大值为6.2532%，最小值为0.2259%，平均值为1.925%，但由于数据少，并且含硫较大，氯仿沥青"A"数据偏大，具较小的参考价值。综合评价，按照烃源岩有机质丰度评价标准，这两口井均为中等—极好的烃源岩。

（二）有机质类型

收集汶ZK26井井段358.19~900.56m样品10个，干酪根类型有8个为Ⅰ型，2个为Ⅲ型。汶ZK31井井段109.04~606.49m样品16个，干酪根类型有11个为Ⅰ型，1个为Ⅱ$_2$型，4个为Ⅲ型（表3-19、表3-20）。

依据热解分析资料，对汶ZK26井、汶ZK31井利用氢指数、热降解潜率与T_{max}的关系对有机质类型进行了划分，其分析结果为Ⅰ型和Ⅱ$_1$型、Ⅱ$_2$型（图3-17、图3-18）。

表 3-19 汶 ZK26 井有机碳含量、干酪根类型统计表

层位	井深(m)	岩性	TOC(%)	腐泥组含量(%)	壳质组含量(%)	镜质组含量(%)	惰质组含量(%)	类型	类型指数
大汶口组上段	358.19	灰色页岩	1.44	99	0	1	0	Ⅰ	98.3
	422.71	灰褐色油页岩	4.73	100	0	0	0	Ⅰ	100.0
	455.16	灰褐色油页岩	4.57	99.7	0	0.3	0	Ⅰ	99.4
	515.74	褐灰色油页岩	3.1	99.3	0	0.7	0	Ⅰ	98.8
	533.57	灰色页岩	2.88	99	0	1	0	Ⅰ	98.3
	654.18	灰色页岩	2.16	80.3	0	19.7	0	Ⅲ	65.6
	710.77	灰色页岩	2.75	88.3	0	11.7	0	Ⅲ	79.6
大汶口组中段	757.35	灰色页岩	3.78	100	0	0	0	Ⅰ	100.0
	878.82	灰色泥岩	5.25	92	0	8	0	Ⅰ	86.0
	900.56	褐灰色页岩	0.93	99.3	0	0.7	0	Ⅰ	98.8

表 3-20 汶 ZK31 井有机碳含量、干酪根类型统计表

层位	井深(m)	岩性	TOC(%)	腐泥组含量(%)	壳质组含量(%)	镜质组含量(%)	惰质组含量(%)	类型	类型指数
大汶口组上段	109.04	灰色页岩	1.09	88.3	0.3	11.3	0	Ⅰ	80.0
	114.72	灰色页岩	0.83	76.7	3	20.3	0	Ⅲ	62.9
	134.11	灰色页岩	1.23	96.3	0	3.7	0	Ⅰ	93.6
	137.11	褐灰色泥岩	4.86	97.3	0	2.7	0	Ⅰ	95.3
	207.02	褐灰色泥岩	3.56	94.3	0	5.7	0	Ⅰ	90.1
	302.45	褐灰色泥岩	4.55	98.7	0	1.3	0	Ⅰ	97.7
	324.85	褐灰色泥岩	3.34	99.3	0	0.7	0	Ⅰ	98.8
	351.22	褐灰色泥岩	2.99	98.7	0	1.3	0	Ⅰ	97.7
	357.24	褐灰色页岩	4.23	97	2.3	0.7	0	Ⅰ	97.7
大汶口组中段	426.09	灰色页岩	3.27	100	0	0	0	Ⅰ	100.0
	450.72	灰色页岩	3.68	89.7	1.7	8.7	0	Ⅰ	84.0
	497.79	灰色泥岩	0.96	74.7	1.3	24	0	Ⅲ	57.3
	535.83	灰色泥岩	2.02	97.3	0	2.7	0	Ⅰ	95.3
	543.93	灰色泥岩	2.57	68	0	32	0	Ⅲ	44.0
	604.62	灰色泥岩	0.76	75.3	0.7	24	0	Ⅲ	57.7
	606.49	灰色泥岩	1.04	43	0	57	0	Ⅱ2	0.3

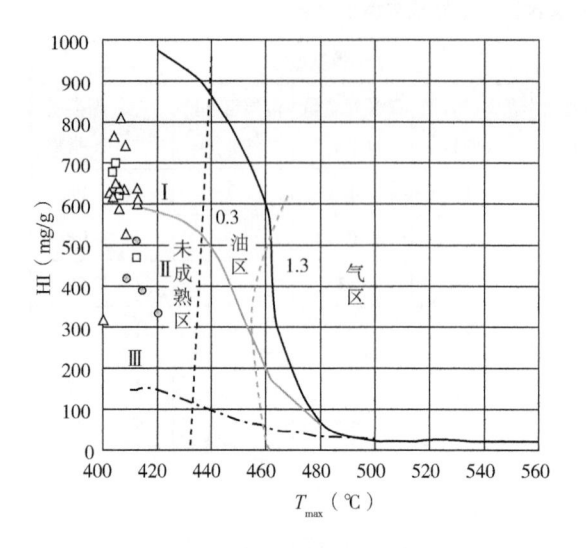

图 3-17　汶 ZK26 井氢指数 HI 与 T_{max} 值关系图

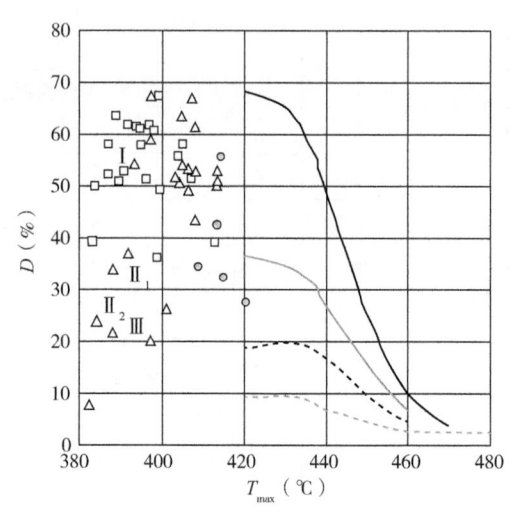

图 3-18　汶 ZK31 井热降解潜率 D 与 T_{max} 值关系图

(三) 有机质成熟度

收集汶 ZK26 井分析样品 10 个，汶 ZK31 井分析样品 15 个。从这两口井的镜质组反射率数值随井深变化的散点图上看，汶 ZK26 井自 500m 以下 R_o 已达到了 0.5%，即达到了生油门限的数值。而汶 ZK31 井在分析井段内数值均在 0.43%~0.46% 的范围内，未达到 0.50% 的门限值(图 3-19、图 3-20)。

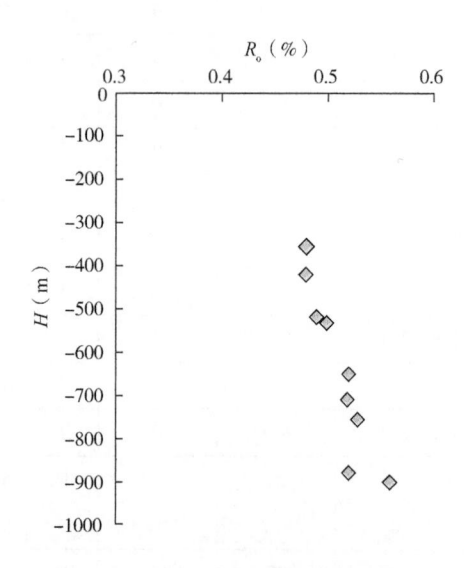

图 3-19　汶 ZK26 井 R_o 随井深变化图

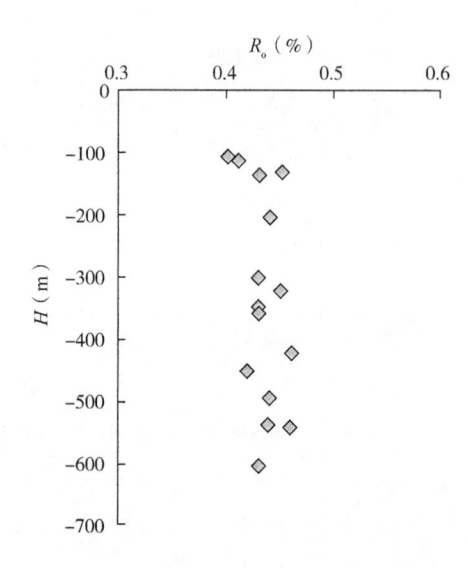

图 3-20　汶 ZK31 井 R_o 随井深变化图

按照我国烃源岩成熟度的 T_{max} 范围进行评价（表3-21），汶 ZK26 井和汶 ZK31 井的样品均是未成熟阶段，与镜质组反射率数值已达到成熟有不同，这可能与地层剥蚀隆起后埋深变浅有关。

表3-21　我国烃源岩成熟度的 T_{max} 范围

有机质类型＼成熟度　T_{max}/℃	未成熟	生油	凝析油	湿气	干气
Ⅰ	<437	437~460	450~465	460~490	>490
Ⅱ₁	<435	435~455	447~460	455~490	>490
Ⅱ₂	<435	435~455	447~460	455~490	>490
Ⅲ	<432	432~460	445~470	460~505	>505

依据汶 ZK26 井的镜质组反射率数值在 500m 以下即 R_o 大于 0.5%，推论目前的井深 500m 即是原来未被隆起剥蚀前的 2500m，即生油门限的井深，用此来分析汶东凹陷的埋藏史、生烃史与原油成熟度的关系。

在汶东凹陷内，有一片在埋藏过程中埋藏深度大于 2500m 的范围，其 R_o>0.5%，即在埋藏史中有一段生烃成熟期。其分布范围是西为 ZK37 井、东为 ZK32 井、南为 ZK16 井、北为断裂为周边的主断陷范围内，面积 25km²。在纵向上是以鲁1井、ZK26 井大汶口组上段底以上 500m 为顶界的上段下部、中段形成的成熟烃源岩，最大厚度井段可达 1200m。

（四）油源对比

依据原油生标特征，可以将汶东洼陷大汶口组上段原油分成Ⅰ类、Ⅱ两类原油，分别对应裂缝孔洞型、砂层孔隙型两种储集形式。

如图 3-21 所示，可以看出，Ⅰ型原油与大汶口组上段烃源岩特征极为相似，来自本层段烃源岩，属于自生自储型油藏。Ⅱ型原油与Ⅰ型原油及本层段烃源岩差异明显：伽马蜡烷含量极高，伽马蜡烷/C_{30}藿烷为 0.83；孕甾烷，升孕甾烷含量很高；成熟度较高，$C_{29}\alpha\alpha\alpha S/(S+R)$ 为 0.51，$C_{29}\alpha\beta\beta/(\alpha\alpha\alpha+\alpha\beta\beta)$ 为 0.45，属于超盐沉积环境。其含硫量小于Ⅰ型原油。Ⅱ型原油来源尚不能确定，有几种可能，一是可能来自埋藏更深、成熟度更高的大汶口组中段、下段烃源岩；二是可能来自深部地层固城组（孔店组）。

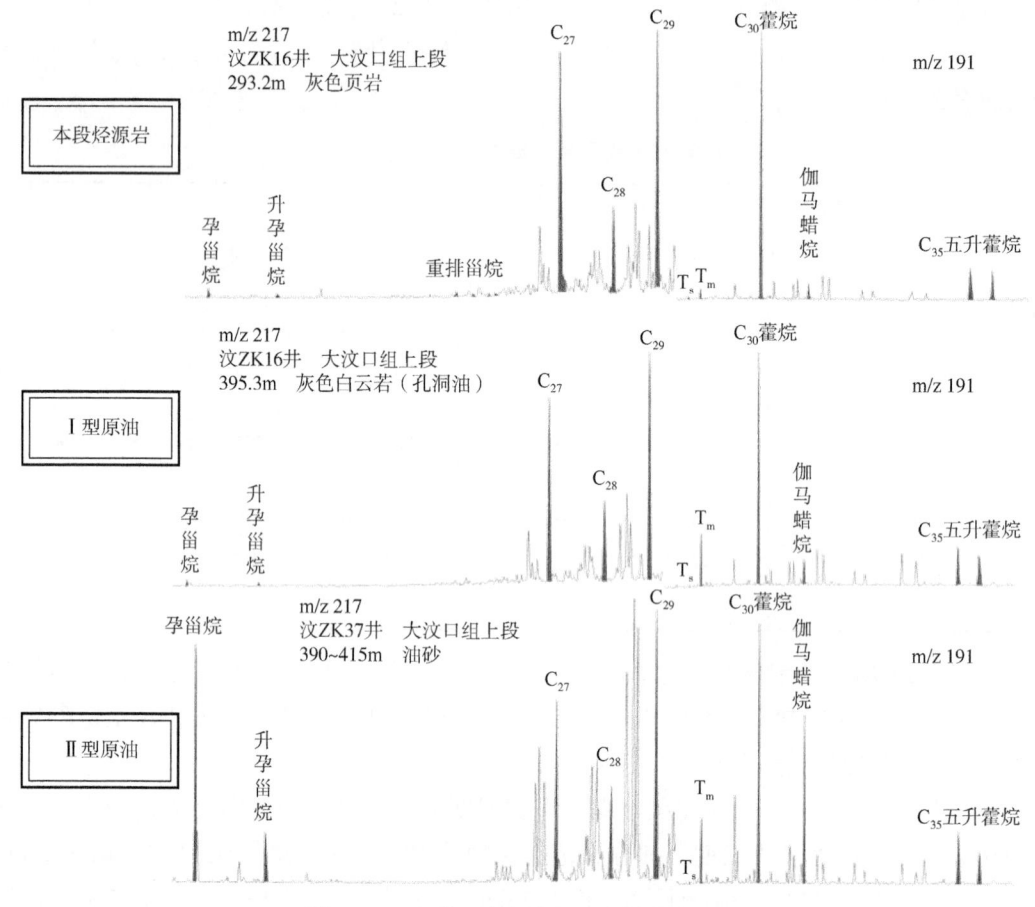

图 3-21　汶东凹陷大汶口组油源对比分析

第六节　页岩油富集控制因素

一、含油气特征

汶东凹陷汶页 1 井的岩心、录井、解吸气测试和含油率测定结果显示，其油气显示活跃，烃类主要以页岩油为主，且纵向上页岩油分布广泛，含油率普遍较高，发育埋深分别为 440~560m 和 700~820m 的两个页岩油富集层段。对埋深为 398~905m 的主要油气显示层段进行解吸气测试。结果表明，其总含气量（损失气量校正后）为 0.06~0.99m³/t，平均值为 0.36m³/t，且具有随埋深增大而增大的特征。但主要油气显示层段的总含气量均低于厚度大于 50m 时总含气量为 1m³/t 的页岩气藏含气量下限值，因此研究区不属于页岩气藏。岩心观察结果表明，研究区页岩油显示活跃，对汶页 1 井埋深为 460m 和 902m 的油样进行馏分检测发现，温度低于 400℃蒸馏出的馏分仅为 20%，说明在油组分中以重质成分为主，为低成熟重质页岩油。

汶东凹陷汶页 1 井纵向上含油层的厚度较大，且具有层数多、分布不均匀和含油率高的特点。岩心观察发现，其页岩油主要分布于大汶口组中段、上段，埋深为 397~1028m，且整段均具有原油刺激性气味。汶页 1 井含油层统计具有明显油迹显示的含油层共有 88 层，其中最大单层厚度为 13.6m，累计厚度为 202.8m，主要分布于两个页岩油富集层段，具有单层厚度大且连续性较好的特征(图 3-22)。

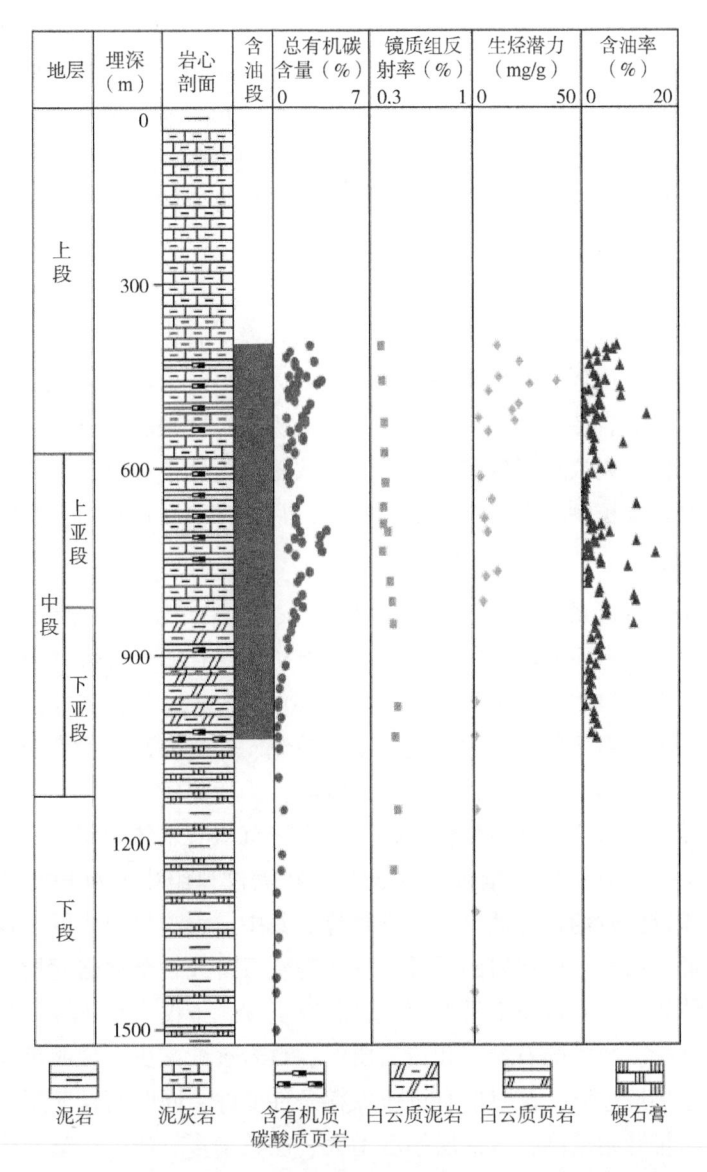

图 3-22 汶东凹陷汶页 1 井大汶口组岩性和地化特征综合剖面

通过含油率的测定，可以定量分析汶东凹陷页岩油的含油性。目前，对于页岩油的评价测定方法主要是以氯仿沥青"A"含量或热解得到的残留烃来表示含油率的高低。对汶东凹陷页岩油含油率的测定采用甲苯溶剂萃取方式，其原理与氯仿沥青"A"含量测定相同，甲苯和氯仿溶剂均能萃取原油中的非极性物质，但甲苯对比氯仿溶剂的优点在于甲苯作为芳香烃，可以更好地溶解原油中带苯环的烃类，且采用甲苯萃取时的温度高于氯仿，原油各组分溶解更彻底。基于以上原因，利用 Dean-Stark 抽提装置，采用甲苯溶剂在110.6℃沸点下对研究区大汶口组页岩油中的游离烃进行抽提，进而测定其含油率。收集汶东凹陷汶页1井109块样品含油率测定，结果表明大部分样品的含油率为1%~4%，平均含油率为3.7%；其中，大汶口组上段的平均含油率为4.12%，大汶口组中段上亚段的平均含油率为3.95%，大汶口组中段下亚段的平均含油率为2.73%。研究区大汶口组上段和大汶口组中段上亚段的含油层分布密集，单层厚度大且岩性变化相对较小；其中，大汶口组上段埋深为440~560m 和大汶口组中段上亚段埋深为700~820m 这2个页岩油富集层段的平均含油率分别为4.1%和4.3%；大汶口组中段下亚段虽然部分含油层的含油率大于1.5%，但其纵向发育较为稀疏，且单层厚度较小，因此含油性整体较差。

二、页岩油富集控制因素

汶东凹陷大汶口组页岩油富集规律主要受沉积环境、有机质丰度和裂隙（层理）发育程度共3个因素控制。沉积环境的变化是控制研究区大汶口组含油率变化的基本因素，还原沉积环境有效地保存了岩层中较高的有机质，而有机质丰度则决定研究区大汶口组烃源岩生成油气的能力。由于大汶口组碳酸盐岩的岩性致密，为低孔隙度、低渗透率储层，因此裂隙和层理的发育程度控制其页岩油的富集程度，且为含油性指标的主要控制因素[32]。

（一）沉积环境

大汶口组沉积于古近系陆相湖盆，受控于湖盆、水深、气候等环境条件演变的影响，其下段、中段、上段具有不同的沉积环境，导致有机质保存条件亦存在差异。汶页1井岩心观察结果表明，大汶口组下段沉积一套厚度近400m 的灰绿色、红棕色泥岩与硬石膏岩互层，反映出在大汶口组下段沉积时期湖盆水位较浅、氧气充足，发育灰绿色、红棕色泥岩沉积；而干旱条件下湖水进一步减少，形成以石膏为代表的蒸发岩，二者的频繁互层反映出沉积时水位较浅且深浅周期性变化的特点。由于沉积时水体中氧气充足，导致下段有机质不易保存，平均总有机碳含量仅为0.33%。在大汶口组中段沉积时期，研究区为深湖—半深湖相沉积过渡时期，含油率呈上升趋势。其中，大汶口组中段下亚段的沉积特征与下段类似，但部分层段云质泥岩的层理发育，与硬石膏或含膏泥岩互层；较厚硬石膏层的出现反映出水体较浅，有机质不易保存，其总有机碳含量仅为0.84%。自大汶口组中段上亚段沉积时期开始，纯净的石膏层和白云质泥、页岩逐渐减少，说明沉积时的湖盆水体逐渐加深，向还原环境过渡，该时期有机质保存条件变好，同时石膏薄层起到盖层的保护作用；总有机碳含量开始增高，含油层厚度增大、层数增多，研究区第2个页岩油富集层段即形成于该沉积时期。在大汶口组上段沉积时期，湖盆范围进一步扩大，水体加深，有机质保存条件最为有利。大汶口组上段的岩性以含有机质碳酸质页岩、成层状的含硬石膏碳酸质泥岩、泥灰岩为主，其中碳酸质页岩为富有机质层与贫有机质层（碳酸盐层）的互层，其纹层较薄，泥质薄层的厚度均为1~2mm，中间夹碳酸质薄层。由于水体加深，有机质得以有效保存，总有机碳含量平均值为2.25%，为上段的高含油率提供了烃源基础。

（二）有机质丰度

研究结果表明，虽然研究区大汶口组中段和上段的有机质类型、成熟度和生烃潜力等烃源岩特征也存在差异，但其含油性主要受有机质丰度的控制。汶东凹陷大汶口组总有机碳含量主要分布于0%~4%[图3-23(a)]。其中，大汶口组上段、中段和下段的平均总有机碳含量分别约为2.25%、1.69%和0.33%。大汶口组中段上亚段和上段总计厚度为500m的烃源岩均达到好烃源岩标准，且含油率与总有机碳含量呈较好的正相关关系[图3-23(b)]。

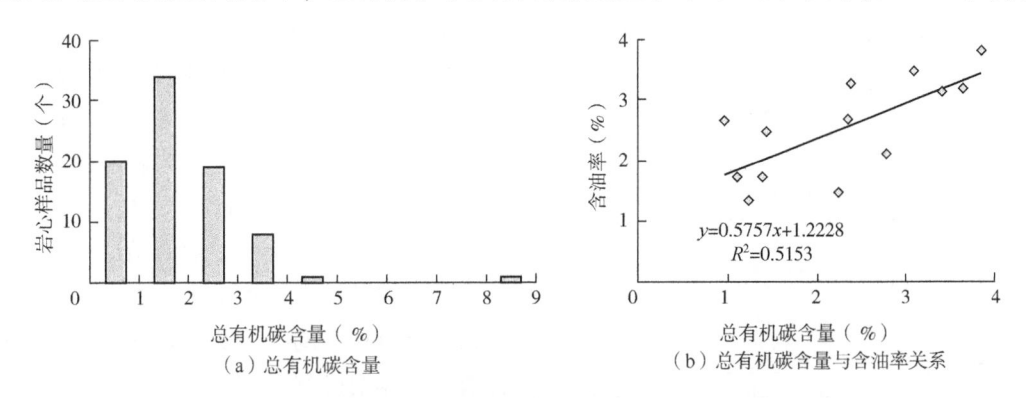

(a) 总有机碳含量

(b) 总有机碳含量与含油率关系

图3-23 汶东凹陷大汶口组总有机碳含量及其与含油率的关系

大汶口组烃源岩镜质组反射率主要为0.40%~0.55%，范围跨度较小，表明大汶口组烃源岩刚刚进入生油窗。在大汶口组中段、上段不仅见到多套自然硫层，并且发现硫化充填物，可能会促进干酪根的裂解成油。王铁冠曾提出低成熟油成因机制中富硫大分子早期降解生烃机理，在富硫的地层中，干酪根易形成更易断裂的S—S键和C—S键，二者在低成熟度时更易断裂生油[33]，可从一定程度上解释研究区大汶口组低成熟油产生的原因。显微组分鉴定结果表明，研究区大汶口组干酪根类型以Ⅰ型为主，其中大汶口组上段主要为Ⅰ型干酪根，中段以Ⅱ型干酪根为主，均有利于油气的生成。生烃潜量与含油率对比结果表明，研究区大汶口组干酪根类型与含油率的相关性较小。以两个页岩油富集层段为例，埋深为440~560m页岩油富集层段的总有机碳含量平均值为2.4%，埋深为700~820m页岩油富集层段的平均总有机碳含量为2.5%，二者较为接近，其镜质组反射率均为0.4%~0.5%，但由于干酪根类型的差异，其生烃潜力存在较大差别。热解分析数据显示，埋深为440~560m页岩油富集层段的生烃潜量为2.4~40.0mg/g，平均值为17.6mg/g，远大于6mg/g的好烃源岩标准，而埋深为700~820m的页岩油富集层段的生烃潜量平均值仅为7.2mg/g。虽然二者生烃潜力相差较大，但含油率均值约为4%，说明母质类型不是决定含油率大小的主要因素。

综上所述，汶东凹陷大汶口组中、上段整体母质类型较好，除部分层段含有Ⅲ型干酪根，整体有利于油气的生成。镜质组反射率分析结果表明，研究区大汶口组中段、上段镜质组反射率分布范围较小，整体处于生油早期阶段，有机质成熟度变化对含油率的影响较小；但含油率与总有机碳含量呈正相关关系，表明烃源岩的有机质丰度是决定含油率的重要因素。

(三) 裂隙(层理)发育程度

除沉积环境和有机质丰度之外，裂隙(层理)发育程度是研究区大汶口组含油性的直接影响因素；对于不同的岩性，裂隙(层理)发育程度对含油性具有不同的控制作用。岩心薄片鉴定结果表明，研究区大汶口组以碳酸盐岩为主要岩性，上段以碳酸质页岩和泥灰岩为主，中段白云质泥、页岩和泥灰岩较为发育。X射线全岩衍射分析结果证实，大汶口组上段和大汶口组中段上亚段的矿物成分较为接近，主要以碳酸盐矿物为主，黏土质矿物和碎屑矿物含量低(图3-24)，中段下亚段以石膏为代表的硫酸盐矿物增多。

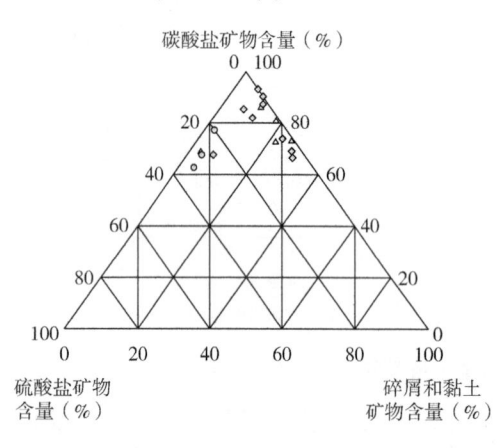

图3-24 汶东凹陷大汶口组中、上段矿物组成

汶东凹陷大汶口组不同岩性的含油率差别较大。碳酸质页岩的平均含油率为4.05%，且分布范围较小；泥灰岩的平均含油率为3.23%，但分布差异极大，为0.4%~11.0%；中段中下部开始增多的白云质泥、页岩的平均含油率为2.73%，分布于1.1%~10.6%之间。因此，碳酸质页岩的整体含油性相对较好。

分析大汶口组含油情况，发现裂隙和层理发育的层段具有良好的油气显示。在层数为88层、厚度总计为202.8m的含油层中，发育裂隙、层理或二者共同发育的含油层达到74层，共计193.3m，约占含油层总厚度的95%，且裂隙与层理多为共生关系。通过对仅发育裂隙的泥灰岩岩心样品的含油率进行统计，发现其含油率为5.22%，高于其他岩性(包括发育页理的碳酸质页岩)。由于含油页岩的页理发育，无法进行准确的孔隙度测量，因此从埋深为700~800m层段选取泥灰岩岩心样品进行孔隙度和渗透率测试，结果显示发育裂隙的泥灰岩岩心样品的平均孔隙度为9.9%，渗透率为6.98mD，含油率为2.58%；未发育裂隙岩心样品的平均孔隙度为9.4%，渗透率仅为0.34mD，含油率为1.24%。因此，裂隙和层理的发育改善了地层的渗透性，且由于裂隙中胶结物质较少，更有利于烃类聚集于裂隙(层理)中，形成页岩油的富集成藏。碳酸质页岩由于层理和裂隙非常发育，通常具有良好的含油性；而泥灰岩和白云质泥、页岩由于层理发育程度差于碳酸质页岩，因此裂隙发育区则成为主要的含油区域，也导致其含油率差异较大。由此可见，层理和裂隙的发育程度控制储层的储集条件，进而控制页岩油富集程度。

第四章 鲁西地区页岩油资源潜力评价与有利区预测

第一节 页岩油资源量计算

一、资源计算方法和关键参数

本次页岩油资源评价依据《陆相页岩油资源评价方法》(Q/SH 0503—2013)标准，评价内容包括页岩油气地质资源量($Q_{地质}$)和可采资源量($Q_{可采}$)，其中地质资源量是指在目前可预见的技术条件下最终可以探明的页岩油气资源总量，包括已探明资源量和尚未探明资源量。可采资源量是指在目前可预见的经济技术条件下可以采出的页岩油气总量。

(一) 地质资源量

页岩油地质资源量计算方法主要采用体积法(氯仿沥青"A"法)，计算公式和参数如下：

$$Q_{地质} = S \times h \times \rho \times (A \times K_{a轻} - K_{a吸} \times \mathrm{TOC}) \tag{4-1}$$

式中　$Q_{地质}$——页岩油地质资源量，10^4t；

S——泥页岩有效面积，km^2；

h——泥页岩有效厚度，km；

ρ——泥页岩密度，g/cm^3；

A——氯仿沥青"A"含量，%；

$K_{a轻}$——氯仿沥青"A"轻烃校正系数；

$K_{a吸}$——氯仿沥青"A"吸附系数。

页岩油中的溶解气地质资源量计算公式：

$$Q_{气地质} = Q_{油地质} \times \mathrm{GOR} \tag{4-2}$$

式中　GOR——气油比。

(二) 可采资源量

可采资源量 $Q_{可采} = Q_{地质} \times K$，K 为可采系数。页岩油和页岩气可采系数计算方法及参数略有差异。目前国内外尚无一套可遵循的页岩油可采系数计算方法。本次评价采用静态参数计算法和动态数值模拟法求取济阳坳陷沾化凹陷罗家地区罗42井等高产页岩油井的可采系数为6%~15%，同时考虑到页岩油可采资源主要受有机碳含量、有机质类型、有机质成熟度、泥页岩矿物组成（黏土矿物含量、脆性矿物含量）、孔渗条件、砂地比、埋深、气油比、地层压力等参数影响，最终建立页岩油可采系数计算公式如下：

$$K=15\%\times[0.4\times(A_1\times0.4+A_2\times0.3+A_3\times0.3)+0.3\times(B_1\times0.4+B_2\times0.3+B_3\times0.3)+0.3\times(C_1\times0.4+C_2\times0.3+C_3\times0.3)] \quad (4-3)$$

式中 A_1——有机碳含量赋值；

A_2——有机质类型赋值；

A_3——镜质组反射率赋值；

B_1——黏土矿物含量赋值；

B_2——孔渗条件赋值；

B_3——砂地比赋值；

C_1——埋深赋值；

C_2——气油比赋值；

C_3——地层压力赋值。

各参数赋值标准见表4-1。

表4-1 页岩油资源可采系数参数取值标准表

	概率赋值区间	A_1—有机碳含量	A_2—有机质类型	A_3—镜质组反射率
有机地化参数取值标准（0.4）	权值	0.4	0.3	0.3
	0.75~1.0	>4.0%	以Ⅰ型为主	>1.3%
	0.5~0.75	2.0%~4.0%	以Ⅱ₁型为主	0.8%~1.3%
	0.25~0.5	1.0%~2.0%	以Ⅱ₂型为主	0.5%~0.8%
	0~0.25	<1.0%	以Ⅲ型为主	<0.5%
	概率赋值区间	B_1—黏土矿物	B_2—孔渗条件	B_3—砂地比
储集参数取值标准（0.3）	权值	0.4	0.3	0.3
	0.75~1.0	<15%	基质孔隙度>8.0%，微裂缝发育	>30%
	0.5~0.75	15%~30%	基质孔隙度5.0%~8.0%，微裂缝较发育	20%~30%
	0.25~0.5	30%~45%	基质孔隙度3.0%~5.0%，微裂缝发育一般	10%~20%
	0~0.25	>45%	基质孔隙度<3.0%，微裂缝不发育	<3.0%

续表

构造及保存参数取值标准（0.3）	概率赋值区间	C_1—埋深	C_2—气油比	C_3—地层压力
	权值	0.4	0.3	0.3
	0.75~1.0	2000~3000m	>5000	异常高压
	0.5~0.75	3000~3500m 或 1500~2000m	1000~5000	压力异常
	0.25~0.5	3500~4000m 或 1000~1500m	500~1000	压力异常不明显
	0~0.25	>4000m 或<1000m	<500	无压力异常

二、页岩油资源评价

（一）评价单元划分

横向上以凹陷为评价单元，主要计算济宁—鱼台凹陷、汶东凹陷和成武凹陷。纵向上根据本次烃源岩评价的两个层位古近系大汶口组和侏罗系三台组两个评价单元。由于成武凹陷勘探程度低，评价资料少，生油条件有限，未进行评价；结合前期地层的认识，最终仅计算济宁—鱼台凹陷侏罗系和汶东凹陷古近系两个地质单元。

（二）参数获取

参数获取是以实测数据为基础，结合含油页岩层的 TOC 分布图、R_o 等值线图和厚度等值线图等进行的。

1. 含油气页岩层有效面积（S）

取各含油页岩层 H>30m、R_o>0.7%、TOC>0.5%的面积。

2. 含油页岩层厚度（H）

在各含油页岩层有效面积内，依据含油页岩层厚度等值线图，由碾平厚度法求得。

3. 含油页岩密度（ρ）

以钻井岩心样品实测数据为基础，结合测井解释资料综合求取。

4. 氯仿沥青"A"

取各含油页岩层实测平均值。

5. 氯仿沥青"A"轻烃补偿系数 $K_{a补}$

氯仿沥青"A"轻烃补偿系数 $K_{a补}$ 是对含油泥页岩中烃类从井底开采到地面的过程中所散失的轻烃补偿。可以通过密闭取心样品氟利昂低温抽提实验获取。由于研究区目前尚无上述三套含油泥页岩层密闭取心样品，该项参数主要是借鉴胜利油田东营凹陷经验值（表4-2），并结合研究区页岩成熟度和埋深，综合取值。济宁—鱼台凹陷 $K_{a补}$ 取值 1.36，汶东凹陷 $K_{a补}$ 取值 1.16。

表4-2 东营凹陷氯仿沥青"A"轻烃补偿系数

R_o(%)	0.2	0.3	0.35	0.5	0.7	1.0	1.4
$K_{a补}$ 值	1.00	1.02	1.04	1.09	1.16	1.36	1.56

6. 氯仿沥青"A"吸附系数 $K_{a吸}$

氯仿沥青"A"吸附系数 $K_{a吸}$ 是指排烃门限深度所对应的烃类转化系数,这里的经验值济宁—鱼台凹陷 $K_{a吸}$ 取值 0.15,汶东凹陷 K_a 取值 0.1。

7. 可采系数 K

依据鲁西地区含油页岩地质、地化特征及页岩油可采系数参数赋值标准,分别对各项参数赋值见表 4-3,最终依据公式计算页岩油可采系数 K 为 3.0%。

表 4-3 页岩油资源可采系数参数取值标准表

有机地化参数取值标准(0.4)	概率赋值区间	A_1—有机碳含量	A_2—有机质类型	A_3—镜煤反射率
	权值	0.4	0.3	0.3
	值	1.13%~3.15%	以Ⅰ型为主	0.5%~1.2%
	赋值	0.48	0.85	0.45
储集参数取值标准(0.3)	概率赋值区间	B_1—黏土矿物	B_2—孔渗条件	B_3—砂地比
	权值	0.4	0.3	0.3
	值	36.1%~54.3%	基质孔隙度3.0%~5.0%,微裂缝发育一般	0
	赋值	0.45	0.5	0
构造及保存参数取值标准(0.3)	概率赋值区间	C_1—埋深	C_2—气油比	C_3—地层压力
	权值	0.4	0.3	0.3
	值	2000~2680m	15.9~43.6m³/t	压力异常不明显
	赋值	0.8	0.15	0.3

(三) 资源量计算

1. 济宁—鱼台凹陷

页岩油的资源量计算中重要的参数分别是富有机质范围、成熟度范围和富有机质有效厚度[34,35]。因此研究人员根据前文的认识,结合研究区勘探现状,分别绘制了济宁—鱼台凹陷侏罗系富有机质泥岩厚度等值线图、有机碳含量大于 0.5%范围图、R_o 等值线图(图 4-1 至图 4-3)。富有机质泥岩厚度是指有机碳含量大于 0.5%的泥页岩累计厚度。目前,探区内有机碳含量的数据受钻井取心及地球化学分析费用等限制,不能获得连续、大量的有机碳含量数据。以往的评价工作都是以取心段和岩屑(代表性比岩心差)样品所测的有机碳含量的平均值来代表整套烃源岩的有机碳含量值。本次利用测井信息建立与实测有机碳含量间的关系,进而计算出烃源岩有机碳含量。其计算公式[36]为:

$$TOC = 10^{2.297-0.1688R_o} \Delta \lg R_t$$

$$\Delta \lg R_t = \lg(R_t/R_{t基线}) + 0.0061(\Delta t - \Delta t_{基线}) \tag{4-4}$$

式中 TOC——计算有机碳含量;

R_o——烃源岩的镜质体反射率；

$\Delta\lg R_t$——声波和电阻间的间隔值，与有机质含量等有关；

R_t——实测电阻率，$\Omega\cdot m$；

$R_{t基线}$——基线对应的电阻率，$\Omega\cdot m$；

Δt——实测的声波时差，$\mu s/ft$；

$\Delta t_{基线}$——基线对应的声波时差，$\mu s/ft$；

0.0061——源于一个对数电阻率单位对应的声波时差的系数。

然而事实上，各种泥岩均含有一定量的有机碳，也就是细粒的非烃源岩声波时差与电阻率叠合时的基线。因此，还应包含有机碳含量的背景值(ΔTOC)。故实际表达式为：

$$TOC = 10^{2.297-0.1688R_o}\Delta\lg R_t + \Delta TOC \qquad (4-5)$$

而背景值在各个地区是有差异的，应参照实际情况而定。设 $K = 10^{2.297-0.1688R_o}$，设 $b = -K(\lg R_{t基线} + 0.0061\Delta t_{基线}) + \Delta TOC$；对于济宁—鱼台凹陷同一口井来说，$K$、$\lg R_{t基线}$、$\Delta t_{基线}$、$\Delta TOC$ 可视为常数。最终对有机碳含量计算公式进行了简化：

$$TOC = K(\lg R_t + 0.0061\Delta t) + b \qquad (4-6)$$

其中系数 K、b，可以通过对研究区实际岩心或岩屑样品分析得到的 TOC 和对应的测井响应值运用最小二乘法拟合获得。

将实测有机碳含量及相对应深度测井曲线值($\lg R_t$、Δt)带入进行回归，获得本区烃源岩有机碳含量的测井评价模型(图 4-1)。针对 TOC 计算模型，利用研究区内已钻井(鲁页油 1 井)进行验证，计算的有机碳含量和实测值相关性较好。据此，计算了工区内鱼页参 1 井和鲁页油 1 井两口井的有机碳含量，取有机碳含量大于 0.5% 的厚度值作为页岩油有效厚度。再结合鲁西地区中生界地层埋藏特征及中生界厚度分布特征，在平面上勾绘了济宁—鱼台凹陷侏罗系富有机质泥岩厚度等值线图。有机碳含量大于 0.5% 范围图则是在缺少井点控制的情况下，主要参考了鲁西地区中生界沉积相平面展布特征，结合鲁页油 1 井的单井数据作为参考。关于 R_o 等值线图鲁页油 1 井取样 600~1000m 深度的 R_o 就到了 1.0%~1.5% 了，而鱼页参 1 井二叠系 2000~3000m 深度的 R_o 与上部侏罗系层位相当，R_o 随深度变大的关系仅从这两口井单井资料上无法体现。前文对侏罗系埋深及构造运动的认识，认为研究区侏罗系现今处于成熟—高成熟阶段。结合该区地层的埋深，以深凹带有机质的成熟度最高，根据现今构造特征和单井的 R_o 值，在平面上划出了 R_o 为 0.5%~1.5% 的范围。

最终以 R_o 大于 0.9% 作为页岩油的成熟范围，测量济宁—鱼台凹陷页岩油有效面积 800km²；有效厚度 50~100m；含油气页岩密度 (ρ) 取值 2.2g/cm³；氯仿沥青"A"含量取值 0.1328。最终估算济宁—鱼台凹陷页岩油地质预

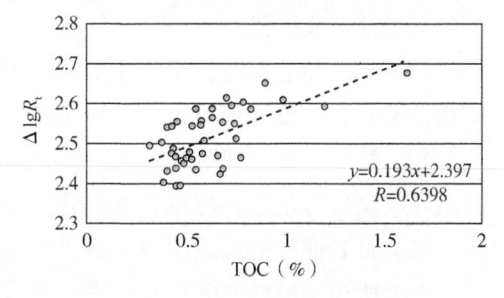

图 4-1 计算有机碳含量与实测有机碳含量关系图

测资源量为 6918×10^4 t。依据《陆相页岩油资源评价方法》(Q/SH 0503—2013)标准，济宁—鱼台凹陷侏罗系资源丰度为 8.65×10^4 t/km^2，评价资源级别小于Ⅲ级，属于低丰度资源。

2. 汶东凹陷

用同样的方法，分别绘制了汶东凹陷古近系富有机质泥岩厚度等值线图、有机碳含量大于 0.5% 范围图、R_o 等值线图。前文提到汶东凹陷古近系烃源岩 500m 进入成熟门限，对应的 R_o=0.5%，再结合汶东凹陷古近系的构造深度，随着埋深增大，R_o 值逐渐增加。富有机质泥岩厚度等值线图、有机碳含量大于 0.5% 范围图则是参考了鲁西古近系沉积相、岩相及地层厚度特征作图。

最终厘定汶东凹陷凹陷古近系含油气页岩层有效面积 168km^2；含油气页岩有效厚度 200~300m；含油页岩密度(ρ)取值 2.2g/cm^3；氯仿沥青"A"含量取值 0.23。最终估算汶东凹陷页岩油预测地质资源量为 6912×10^4 t。依据《陆相页岩油资源评价方法》(Q/SH 0503—2013)标准，汶东凹陷侏罗系资源丰度为 41×10^4 t/km^2，评价资源级别为Ⅲ级，资源丰度适中。

3. 成武凹陷

成武凹陷邻近济宁—鱼台凹陷，由于勘探程度低，主要为二维地震勘探资料。因此，对成武凹陷的地质评价主要还是借鉴济宁—鱼台凹陷的地质参数。从时间剖面上看，中生界地层大体一致，因此，同样可以有效页岩厚度估 100m。由于有效面积无法计量，这里采用全凹陷面积的 60% 来估算远景资源量，参考本节地质资源量的计算公式，成武凹陷远景资源量计算值为 5548×10^4 t。

第二节 页岩油勘探潜力综合评价

鲁西地区页岩油的勘探潜力，要从鲁西地区特有的地质特征分析。综合沉积环境、岩性组合特征、烃源岩的地球化学特征、泥岩储层物性和岩石学特征等因素，鲁西地区从以下几个方面体现出其勘探潜力。

(1) 沉积有利，泥岩中砂岩夹层的存在，使页岩油储层类型更加丰富。

(2) 烃源岩的成烃条件相对有利，高有机质丰度、处于生油高峰的泥成熟油页岩是有利的页岩油形成层段。

(3) 泥岩储层有利，泥岩中的粉砂岩夹层较发育，可作为很好的油气储层；泥岩脆性矿物含量较高，裂缝较发育，是最有利储层段和后期压裂改造最有利的层段。

(4) 济宁—鱼台凹陷、汶东凹陷泥岩和夹层中的砂岩的油气显示活跃，直接表明了三台组和大汶口组是最好的页岩油发育层段。

(5) 页岩油目的层埋深浅，最大埋深均小于 3000m，适合于页岩油气的勘探。

综上所述，鲁西地区具有较大的页岩油勘探潜力，建议在济宁—鱼台凹陷、汶东凹陷开展更进一步的研究，对比济宁—鱼台凹陷成果，在成武凹陷部署进一步勘探工作，从面上扩大成果。

第三节　页岩油选区评价方法和关键参数

国内外目前没页岩油的统一或公认的评价标准,但一些含页岩油盆地的基本地质参数(如泥页岩的厚度、TOC、R_o、Q含量等等)可供参考。目前主要是参考国外页岩油气勘探开发的情况,结合我国东部断陷盆地湖相泥页岩的基本地质特征,针对东部断陷盆地提出了一个有利区带评价标准。鲁西地区有其特殊性,如页岩不发育,主要是泥岩且连续厚度不大,构造较为破碎,烃源岩的地球化学特征和储层物性特征、岩矿特征和成岩程度都存在一些差异。因而,鲁西地区有利区带的评价标准要结合自身的实际,参考国内外已知含页岩油盆地的情况来确定。

一、评价方法

页岩油气选区方法借鉴了常规油气选区方法,同时为了突出页岩油气的油气富集性和可采性,采用油气富集概率—资源价值评价模型进行评价[37](图4-2)。

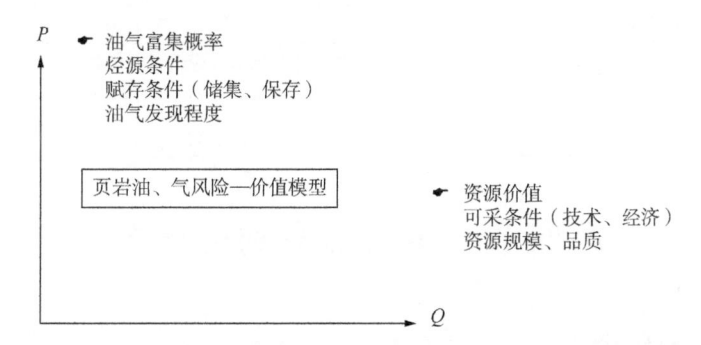

图 4-2　页岩油气富集概率—资源价值双因素评价模型示意图

(1)油气富集概率:以烃源条件、保存条件和油气发现程度三因素决定。

$$G=[(G_1 \times G_2 \times G_3 \times G_4) \times 0.7 + G_5 \times 0.3] \times 50 \qquad (4-7)$$

式中　G——油气富集概率;

G_1——含油页岩有机碳含量;

G_2——含油页岩镜煤反射率;

G_3——含油页岩孔隙度及微裂缝;

G_4——含油页岩的保存条件;

G_5——勘探程度及页岩油发现情况。

(2)资源价值:以资源规模(资源量)和埋藏深度(经济开发技术适应性)两种因素共同决定。

$$D=(D_1 \times 0.6 + D_2 \times 0.4) \times 50 \qquad (4-8)$$

式中　D——资源价值;

D_1——资源规模；

D_2——含油页岩埋藏深度。

二、评价参数

评价参数主要从油气富集概率和资源价值两方面进行筛选，其中油气富集概率主要从生烃条件、赋存条件、可采条件三方面优选了有机碳含量、成熟度、有机质类型、储层裂隙发育程度、孔隙度、保存条件、油气发现程度等参数；资源价值主要从可采条件、资源规模和品质等方面优选了埋深、地面条件、技术适应性、脆性物质含量、资源量、资源丰度等参数，最终建立了页岩油选区评价指标参数见表4-4[38]。

表4-4 页岩油选区评价指标体系参数表

类别		参数
油气富集概率	生烃条件	有机碳含量(TOC)、成熟度(R_o)、有机质类型
	赋存条件	裂隙发育、孔隙度、保存条件
	油气发现程度	油气发现程度指数
资源战略价值	可采条件	埋深、地面条件、技术适应性、脆性物质含量、地层压力、吨油成本(经济评价结果)
	资源规模、品质	资源量(面积、厚度、含油饱和度)、(层)资源丰度

第四节 页岩油有利区优选

一、有利层段优选

在前述泥页岩地质、地球化学、储集、含油气性特征及勘探程度分析的基础上，最终汇总各泥页岩层页岩油气形成条件见表4-5。综合分析鲁西地区三台组和大汶口泥页岩落实程度较高，物性相对较好、脆性矿物含量高，具备页岩油形成条件；更为重要的是其中油气显示丰富，并且已试获原油，是鲁西地区页岩油气勘探最为有利的含油页岩层；其中济宁—鱼台凹陷三台组和汶东凹陷大汶口组页岩油形成条件最好。

表4-5 鲁西地区中—新生界页岩综合评价表

评价参数 页岩层	岩石相类型	生油性						储集性		可压裂改造性			显示井次
		TOC(%)		S_1+S_2 (mg/g)		氯仿沥青"A"(%)		孔隙度(%)	可动流体(%)	脆性系数	可压裂改造性	黏土矿物(%)	
		济宁—鱼台	汶东	济宁—鱼台	汶东	济宁—鱼台	汶东						
三台组	块状泥岩	0.68		1.07		0.1328		2.39		44.39	Ⅲ	31.61	2
大汶口组	油页岩		3.94				1.92	2.16		64.25	Ⅲ	40.38	2

二、有利区优选

按照页岩油气选区评价方法，以有机碳含量、镜反射率、储集条件、保存条件、埋深、油气显示、资源规模等为主要评价参数，建立页岩油选区评价标准（见表4-6至表4-9）；依据资源富集系数、资源勘探潜力系数对各区块进行选区评价分类。

表4-6 页岩油富集成藏的概率评价标准

概率赋值区间	G_1—有机碳含量	G_2—镜煤反射率	G_3—储集条件	G_4—保存条件
0.75~1.0	>1.0%	1.0%~1.40%	孔隙度4.0%~5.0%垂直、水平两组微裂缝发育或脆性矿物大于40%，砂岩夹层较多，累计厚度大于10m	钻井和地震资料证实存在优质区域盖层，自身厚度大于60m，埋藏深度大于1500m
0.5~0.75	0.8%~1.0%	0.7%~1.00%	孔隙度3.0%~4.0%，一组微裂缝发育或脆性矿物含量大于40%，砂岩夹层一般，累计厚度5~10m	已有资料证实可能存在区域盖层，自身厚度45~60m，埋藏深度1000~1500m
0.25~0.5	0.5%~0.8%	0.5%~0.70%	孔隙度2.0%~3.0%，微裂缝发育一般，砂岩夹层少，累计厚度1~5m	已有资料证实可能存在或不存在盖层，自身厚度30~45m，埋藏深度500~1000m
0~0.25	<0.5%	<0.50%	孔隙度小于2.0%，微裂缝不发育，砂岩夹层少，累计厚度小于1m	已有资料证实可能不存在盖层，自身厚度小于30m，埋藏深度小于500m

表4-7 勘探程度与页岩油发现评价标准

评价标准	勘探程度	页岩油发现
0.75~1.0	多口探井	完井或中途测试获得工业页岩油流
0.5~0.75	单一探井	完井或中途测试获得低产工业页岩油流
0.25~0.5	单一探井	钻井过程中泥页岩段气测显示异常
0~0.25	地面露头	表明具备页岩气生成、聚集条件

表4-8 埋藏深度及开发技术适应性评价标准

评价标准	埋藏深度	开发技术适应性
0.75~1	1000~2000m	含油页岩层适合水平井、易于压裂，上下底板不易压裂
0.5~0.75	500~1000m 或 2000~2500m	含油页岩层易于压裂，上下底板部分不易压裂
0.25~0.5	250~500m 或 2500~3000m	含油页岩层适合水平井，上下底板抗压性不强
0~0.25	<250m 或 >3000m	含油页岩层不适合水平井、不易压裂，上下底板抗压性不强

表 4-9　页岩油资源标准

评价标准	资源量(t)	评价标准	资源量(t)
0.75~1	>2000×10⁴	0.25~0.5	(500~1000)×10⁴
0.5~0.75	(1000~2000)×10⁴	0~0.25	<500×10⁴

Ⅰ类区块：$G \geq 25$，$D \geq 25$，不但资源可靠程度较高，而且资源勘探潜力较大，技术经济的实用性较好，为具有较好勘探开发潜力和勘探前景的区块，是最有利的勘探区块或开发目标，可以列为近期重点勘探评价或开发试验地区，近期需要开展勘探工作。通过老井复查，选择有利的地区和层位，条件具备的，可以进行测试(也可以部署地震勘探、探井)，力争优先突破，以点带面。

Ⅱ类区块：分为Ⅱ₁类区块和Ⅱ₂类区块。

Ⅱ₁类区块：$G \geq 25$，$D < 25$，该类区块资源勘探潜力较大，技术经济性及实用性较好，但是资源可靠程度较低。由于勘探程度较低，资源的规模品质具有较大的不确定性，为资源潜力有待进一步研究评价认识的区块，可以列为今后战略上勘探评价地区，随着勘探程度的提高和开发技术的不断进步，有可能升级为Ⅰ类含矿区。

Ⅱ₂类含区块：$G < 25$，$D \geq 25$，与Ⅱ₁类区块相反，该类区块勘探程度和资源可靠程度较高，但资源潜力较小，整体来看勘探前景有限、开采成本较高、效益较差。也许存在资源规模较大或资源丰度较高的可能性，随着技术及经济条件的改变，其资源价值可能得到提高。需要加强研究工作。

Ⅲ类区块：$G < 25$，$D < 25$，生成和赋存条件较差，为资源潜力较小和勘探前景不被看好的区块。

对鲁西地区评价区进行分类评价，评价结果见表4-10，汶东凹陷和济宁—鱼台凹陷都为Ⅱ₂类区块。在评价的过程中不难发现，济宁—鱼台和汶东凹陷计算页岩油资源量分别为6918×10⁴t和6912×10⁴t，页岩油资源丰富，汶东凹陷和济宁凹陷均在目的层泥岩与砂岩夹层中见到可观的油气显示，并且评价区埋藏深度浅，在资源价值方面具有非常有利的勘探前景，可以列为近期重点勘探评价地区。但在油气的富集规律评概率方面，本轮评价受基础资料的影响，对两个评价区页岩油的生烃条件、储集条件、保存条件及工程条件这四个方面的评价还未能深入研究确定，这方面的基础研究工作一旦夯实，可大幅提高研究区的评价级别，尽早进入重点勘探评价或开发试验地区。

表 4-10　鲁西地区选区资源综合评价表

评价单元	G_1 有机碳含量	G_2 镜煤反射率	G_3 储集条件	G_4 保存条件	G_5 勘探程度	D_1 埋藏深度	D_2 资源量	评价结果
济宁—鱼台	0.5	0.75	0.75	0.55	0.5	1	0.75	Ⅱ₂
汶东	0.75	0.55	0.75	0.6	0.75	1	0.55	Ⅱ₂

三、有利区(靶区)预测

靶区优选主要考虑以下原则：含油面积和资源量、烃源岩和储层品质、工程技术条件、油气显示及油藏品质[39]。

(一)济宁—鱼台凹陷三台组页岩油勘探有利区(靶区)预测及评价

按照页岩油分类评价标准，济宁—鱼台凹陷有利层系为中生界，成熟度整体比较高，但有机碳含量偏低，因此叠合 R_o 大于 0.9%、泥岩厚度大于 200m、有机碳含量大于 1% 的等值线叠合区作为地质有利区。

该区含油面积 128km², 预测资源量 1107×10⁴t, 有较高的资源量。区内以侏罗系浅湖相钙质泥岩夹砂岩为重点；埋深小于 2000m，页岩成熟度高（R_o>1.1%），有机碳含量大于 0.5%，源岩品质较为有利。工程条件方面，泥岩脆性较强，压裂改造条件相对较好；断层较少，同时天然裂缝较发育，工程开采条件较为有利。油气显示方面，目前在研究区内钻探了两口井见在页岩层段见明显气测异常，录井显示丰富，说明该区页岩油具有一定的富集程度。综合评价该区的勘探开采条件较为有利。

(二)汶东凹陷大汶口组页岩油勘探有利区(靶区)预测及评价

按照页岩油分类评价标准，汶东凹陷有利层系是古近系，有机碳含量丰富，但成熟度偏低，因此叠合 R_o 大于 0.7%、厚度大于 200m、有机碳含量大于 1 的等值线叠合区作为有利区。

该区含油面积 31km², 预测资源量 1020×10⁴t, 页岩油资源丰富。区内以古近系湖相油页岩、页岩为重点；埋深小于 2000m 范围，页岩成熟度较高（R_o>0.7%），有机碳含量大于 2%，烃源岩品质非常有利。工程条件方面，该区泥页岩脆性矿物含量高，平均值达 49.2%，压裂改造条件好，工程开采条件较为有利。油气显示丰富，研究区汶页 1 井的岩心、录井、解吸气测试和含油率测定结果显示，其油气显示活跃，烃类主要以页岩油为主，且纵向上页岩油分布广泛，含油率普遍较高，发育埋深分别为 440~560m 和 700~820m 的 2 个页岩油富集层段，页岩油富集条件好。综合评价该区页岩油勘探开采条件最为有利，是下一步工作的重点目标。

第五节　工业利用价值和开采难点

随着我国经济和社会的快速发展，油气资源需求量快速攀升，中国东部陆相断陷盆地常规油气经过数十年的勘探开发已进入中后期，急需寻找新的资源接替[42]。北美地区页岩油已取得了规模效益开发，近年来，胜利油田公司在山东省济阳坳陷陆续开展了一系列勘探开发实践，完成了多口井的试油试采，初步取得良好效果[43]。也为本次鲁西地区相似地质条件的陆相断陷盆地页岩油资源工业利用价值和开采难点提供借鉴。

一、工业利用价值

学术界和工业界对页岩油的开采利用价值主要集中在技术、经济和环境三个方面指标，技术决定了页岩油资源开发的可行性，经济决定了开发的积极性，环境决定了开发的持续性。

（一）技术方面

页岩油的成分、组成与常规石油基本相同，但与常规石油相比较，页岩油储层具有较低孔隙度和较低渗透率的致密含油层，包括泥页岩孔隙和裂缝中的石油、泥页岩层系中的致密碳酸盐或碎屑岩临层和夹层中的石油储藏资源，通常采用水平井和水力压裂技术进行开采[44]。传统水基压裂改造技术和适用于低成熟页岩油地质储层开发条件下的二氧化碳压裂改造技术攻关在鄂尔多斯盆地和松辽盆地等均取得了长足进展，"十三五"以来，济阳坳陷开展了5口井的垂直分段压裂，取得了良好的试采效果。本次页岩油资源评价的鲁西地区工程条件方面，泥岩脆性较强，压裂改造条件相对较好；断层较少，同时天然裂缝较发育，工程开采条件较为有利。综合评价济宁—鱼台凹陷及汶东凹陷页岩油勘探开采条件最为有利，具有较大的资源潜力和较好的找矿基础。

（二）经济方面

本次评价的重点工作区济宁—鱼台凹陷预测页岩油地质资源量为 6918×10^4t，汶东凹陷预测页岩油地质资源量为 6912×10^4t，整体预测地质资源量较高，但根据《陆相页岩油资源评价方法》（Q/SH 0503—2013）标准，济宁—鱼台凹陷侏罗系资源丰度为 8.65×10^4t/km^2，汶东凹陷大汶口组资源丰度为 41×10^4t/km^2，评价资源级别为Ⅲ级，为中低丰度资源。

页岩油开发利用过程涉及的成本主要包括矿业权购置、钻井完井、基础设施建设、运营四大部分，其中钻井和完井成本约占页岩油勘探开发井口成本的60%，主要包含与钻机有关的费用、套管和固井费用、水力压裂设备费用、完井液和返排液处理费用、支撑剂费用。运营成本包含开采成本、运输成本、水处理成本、行政成本等。

鲁西地区页岩油资源发育较好的济宁鱼台凹陷和汶东凹陷，虽然总体评价地质资源量较丰富，但资源丰富相对较低，相比较大的开发成本，工业利用并不经济。

（三）环境方面

1. 水环境影响

在页岩油开发水力压裂作业过程中，无论是人为因素还是意外事故，都有可能导致压裂液中的化学物质泄漏到地下水层中，进而污染河流、湖泊、蓄水层等的水资源，最终危害到人类身体健康。在水力压裂过程完成之后，一些有毒的化学物质可能会直接通过断裂或裂缝系统，从地下深处缓慢地向上流动，一直流到地表或浅层处，这些化学物质也许会带动地壳中原本含有的放射性物质和大量盐类等一起回流到地表或浅层处，最终引起地下水污染问题。大量的返排液对于一些比较偏远的井场来说，处理过程成本高、潜在风险大，易造成当地水资源污染。

由于页岩油存储于致密页岩里，整个页岩气田开采需要的极多井数，平均每一口页岩油井的耗水量约为 $1.5×10^4 m^3$，大规模开发页岩油势必影响当地居民生活、城市工业用水，引起水资源的消耗。

2. 对土壤环境的影响

页岩油开发会影响到地表和地下地质环境，带来土壤扰动、地表植被遭到破坏和地质结构改变等问题，这种影响若不及时修复会具有不可逆转性特点。页岩油开采与土地需求、井数量、井场占地面积，开发页岩层性质等是息息相关的，需要占用大量土地，这些必须纳入页岩油开发的环境影响中考虑。且分析水力压裂技术的原理可知，页岩油的开发可能引起土地的地质结构发生改变，大规模进行页岩油商业性开采可能会改变现有的土地利用方式，导致土壤松动、破坏地表植被等。

3. 对大气环境的影响

温室气体主要来源于生产时放空燃烧及输送过程中的泄露，页岩油必须要有适宜的管线来运输，运输管线的处理技术是影响泄漏事故的主要因素之一。页岩油开采的有毒气体主要产生于燃烧放空阶段，包括 H_2S、氡、VOCs 等放射性元素均应纳入环境影响评价的范畴；在井喷事故发生时，气体高压的溢出会导致 H_2S 排放量迅速增加，对周围环境及周边人员生命安全都会产生威胁。页岩气开发出地面之后在脱水过程中，会产生 VOCs，这些有毒气体排放到空气中会造成大气污染[45]。

根据《山东省生态保护红线规划（2021—2025）》，本次评价济宁鱼台凹陷重点靶区位于南四湖生态保护"红线"内，页岩油资源开发势必会对南四湖地区生态环境造成一定影响。

二、开采难点

基于本次页岩油资源评价结果，结合国内松辽盆地、鄂尔多斯盆地及渤海湾盆地页岩油试采效果，总结本次评价区页岩油开采过程中可能遇见的关键问题，进一步指导该区页岩油资源有效利用，尽早实现高效开发。

（1）岩性复杂，次生孔喉系统发育，有效孔喉系统需要厘定。

鲁西地区济宁鱼台凹陷及汶东凹陷页岩油储层岩性有泥岩、粉砂质泥岩、油页岩、页岩等，岩性复杂，本次压汞测试数据显示，孔隙发育非均质性明显，储层岩石主要以片状、弯片状和管束状喉道为主，喉道半径小，孔隙控制储集能力，喉道控制渗流能力，因此评价储层可动储量、采收率等关键开发参数，需界定有效孔喉系统划分标准。

（2）储层物性差，地层原油流动难度大。

根据本次施工鲁页油 1 井页岩油样品化验测试数据，侏罗系三台组页岩油储层孔隙度为 0.34%~7.82%，平均 2.22%，渗透率为 0.01~1.93mD，平均 0.21mD，整体表现为典型的低孔隙度、低渗透率储层。对比国内外页岩油储层物性特征，本区地层原油流动难度大。

（3）页岩油产量影响因素复杂，开发"甜点"区的划分难度大。

根据国内外页岩油开发经验，产量受地质和工程因素的综合影响，其中，储层有效厚度、有效孔隙度和含油饱和度是主要的地质因素。

施工井鲁页油 1 井侏罗系页岩油储层岩性复杂，纵向上变化快，常规测井曲线分辨能力差，且二维地震对页岩油储层的刻画也存在一定误差，无法有效识别岩性和油层。在目前整个工作区低井控程度下，难以通过确定鲁西地区页岩油地质"甜点"的划分标准是否合理。此外，页岩油开发水平井压裂受脆性、抗张强度、地应力等岩石力学参数影响，早期应用力学参数分析识别工程"甜点"技术相对薄弱，且在井控程度不足条件下，受地质力学参数获取手段和地震资料精度低等因素的限制，工程"甜点"预测结果的可靠性不高。

（4）"甜点"薄，提高油层钻遇率造成钻井效率降低。

结合国内外页岩油水平井开发实践，页岩油的油层钻遇率是保证水平井高产和稳产的基础，因此，保证油层钻遇率是页岩油钻井的关键。然而，鲁西地区页岩油储集目标层薄，且局部微构造变化大、随钻电测等监测位置相对滞后等原因，水平井油层钻遇率难以保证。

第五章 工作方法及质量评述

第一节 工作方法选择及有效性评述

通过对工作区及周边区域已有地质勘查、地震、钻井测井、地球化学等资料的收集整理与分析，结合本次工作过程中所开展的钻探、地震、测井、化验等勘探工作，进行运用地质学、沉积学、地球化学等多种手段相结合的研究方法，对工作区内富有机质泥页岩层的发育分布特征、物性特征、地球化学特征、赋存条件及资源潜力等进行综合研究，获取页岩油评价的关键数据，估算页岩油资源量，对鲁西地区页岩油资源潜力进行评价（图 5-1）。

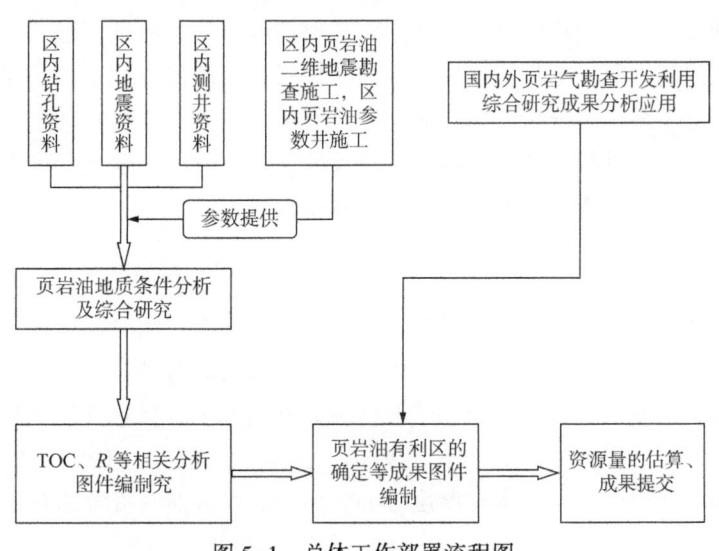

图 5-1 总体工作部署流程图

一、资料收集与整理

本次开展的工作区面积较大，相对实施工作量较少，为更好地完成本次任务，本次工作扩大了以往综合资料的收集和整理工作。

（一）充分收集以往区域地质调查资料

区域物探、化探、遥感资料。由于页岩油资源赋存的层位上部往往覆盖有较厚的第四系与新近系，而鲁西地区尤其是菏泽地区的 1∶50000 区调资料大多没有开展，本次工作是在第二次区调 1∶200000 区调的底图基础上开展工作，所以预测区内的区域地质调查资料为本次工作的开展奠定了基础。

(二) 煤田地质勘查资料

本区是山东省最重要的煤炭资源赋存地,有悠久的煤炭资源勘查历史,通过对煤田地质勘查资料的收集整理和分析,对富有机质页岩层的赋存状况提供了大量数据。

(三) 国内外其他理论研究成果资料及省内同期开展页岩气实地勘查资料

通过对以上以往勘查资料的分析,结合本次开展的钻探、测井、地震、化验等工作,开展钻探—测井联合反演工作,对鲁西地区的泥页岩有机质发育及成藏规律开展研究。

二、二维地震数据采集及处理

为探明工区页岩油储层发育空间规律,本次资源调查开展二维地震施工工程,完成地震测线4条,测线长52.6km,物理点1554个,其中试验物理点20个,全部合格,生产物理点1534个,经评级甲级记录1301张、乙级记录230张、废记录3张,甲级率84.81%,合格率99.81%,单炮记录品质较高,各项技术指标符合设计和规范要求。

室内精细处理和解释工作对野外采集数据进行综合分析研究的基础上,开展了系统的处理参数测试,整个处理过程以保幅保真叠加为目标,最终获得水平叠加、叠后偏移成果各一套,时间剖面总体信噪比较高,目的层位反射波组清晰、特征明显。同时,在前期地质地震资料研究的基础上,分析了区内构造演化模式,以偏移时间剖面为基础,结合水平叠加时间剖面进行了系统的分析解释,获得侏罗系含油泥页岩的空间展布形态以及构造特征,并对鲁页油1井进行了井—震联合约束反演,对区内泥页岩地层的含气性进行了有效分析和研究,为后续勘查工作的开展奠定了基础。

三、钻探

为在区域内获得更有利的页岩油参数,提高评价准确度,同时以往因素分析图件的编制成果的可靠程度进行验证,经过对前期收集的大量资料进行分析研究,按照综合分析和二维地震勘探施工的效果,选择济宁凹陷开展参数井的施工。参数井地理位置位于济宁市喻屯镇,完钻井深1209m,完成设计任务要求,据录井、测井、化验分析等资料综合研究,共解释有利油气层段6层,累计厚度24m。为今后本区油气资源勘查提供了依据。

四、测井

为有效获取施工钻井页岩气相关参数,在本次施工的鲁页油1井开展页岩油专项测井工作,主要观测参数为自然伽马、自然电位、补偿密度、补偿中子孔隙度、补偿声波、双侧向电阻率、自然伽马能谱及井斜、井径、井温等。根据几种不同物性参数曲线的异常幅值、形态特征及物性差异,并结合钻井取心及岩屑录井资料,对全井段进行了综合分析、地质剖面解释,对有机质页岩储层的划分。

五、取样测试

对页岩油参数井按照相关技术规范进行取样测试,同时,对区内开展的煤炭勘查钻孔开展采样化验工作，提取相关页岩气参数（包括 TOC、R_o、有机质类型、热解分析、含气性、岩石矿物组合和结构），提高评价工作的准确度。总结泥页岩生烃潜力、储集性、保存条件等页岩油地质特征。开展典型页岩油藏解剖，系统总结页岩油富集条件。

六、室内综合研究

以 1：200000、1：50000 区域地质调查成果和煤田地质勘查成果为底图，以收集整理和实际获取的页岩油参数为基础数据进行综合分析研究，编制和页岩油生油及储油能力相关各类基础的因素图件，进而综合分析开展资源潜力评价，圈定资源有利区。根据钻孔内获取的页岩油评价参数和试验数据按照不同概率数初步估算页岩油资源量，提交成果报告，为后期勘探打下坚实基础。

第二节 二维地震工作及质量评述

一、工程测量

（一）测量作业时间及完成工作量

2019 年 11 月 15 日开始施工，至 2019 年 11 月 24 日外业顺利结束，按时完成了地震测线的布设工作，保证了后续物探勘查工作的顺利进行。

本次施工共完成以下工作任务：整个工区共完成物探测线 4 条，总长 55.2km，共实测物理点 4364 个。

（二）作业依据及测量基准

1. 作业依据

（1）《地质矿产勘查测量规范》（GB/T 18341—2001）。

（2）《全球定位系统（GPS）测量规范》（GB/T 18314—2009）。

（3）《全球定位系统实时动态测量（RTK）技术规范》（CH/T 2009—2010）。

（4）《测绘作业人员安全规范》（CH 1016—2008）。

（5）本项目《设计》书。

2. 测量参数

坐标系统采用 2000 国家大地坐标系，高程采用 1985 国家高程基准。投影采用高斯—克吕格投影，3°分带第 39 带，中央子午线 117°。

（三）作业所用仪器设备

投入的主要设备见表 5-1。

表 5-1 投入的主要设备

序号	名称	型号	数量	状态
1	RTK	南方银河系列 S1 GNSS	1 套	良好
2	电脑	HP	1 台	良好
3	汽车	三菱	1 台	良好

（四）作业方法及精度控制

本次测网布设采用全球定位系统实时动态测量（RTK）技术，使用设备为南方银河系列 S1 GNSS RTK，采用山东省 SDCORS 系统。为保证获得精度可靠的数据，在工作过程中遵循如下操作规程。

1. 网络 RTK 测量前准备

1）设备设置

根据工作区实际情况正确设置接收机内的各种参数，进行观测前按照 SDCORS 运营中心提供的有关参数，对手簿控制器、通信模块进行设置。

观测前对接收机、手簿控制器及网络控制中心之间的数据链接与传输进行检查。

2）转换参数设置

本次工作采用 2000 国家大地坐标系，作业前对手簿进行了"七参数"设置，并进行了点校正。点校正后的平面坐标转换的残差不大于 2cm，对于高程转换的残差根据"网络 RTK 测量、水平精度高、垂直精度低"的特性，高程转换的残差不大于 3cm（为平面坐标转换残差的 1.5 倍）。

2. RTK 测量

1）初始化要求

初始化时符合下列条件：PDOP 值（位置精度因子）不小于 6；卫星高度截止角不小于 15°；有效的观测卫星数不少于 6 颗；GPS 接收机、手簿控制器及网络控制中心之间的链接正确；观测站不宜在隐蔽地带、成片水域和强电磁波干扰源附近。

2）初始化时问题的处理

在长时间不能获得固定解时，断开通信链接，重启 GPS 接收机再次进行初始化操作。重试次数超过 3 次仍不能获得初始化时应取消本次测量，对现场观测环境和通信链接进行分析，选择现场附近观测和通信条件较好的位置重新进行初始化操作。

3）在测量前，要坚持"首次固定不记录，二次固定再记录"。避免流动站接收机首次锁定卫星获得初始化后，获得错误的整周模糊度，影响测量结果。

二、试验工作及结论

（一）试验方案

1. 井深试验

采用 2.0kg 药量，分别进行 8m、10m、12m、14m、16m、18m、20m 的井深激发。根据激发效果对比，确定最佳激发井深。

2. 药量试验

采用 18m 井深，分别进行 0.5kg、1.0kg、2.0kg、3.0kg、4.0kg 的药量激发，根据激发效果对比情况，确定适合本区的合理激发药量。

(二) 试验资料分析

1. 固定增益显示

通过对试验单炮的固定增益显示对比分析，根据显示效果对试验资料进行评价分析。12m、14m 井深激发时，面波稍重，井深大于 16m 时，记录面貌差异不大。

除 0.5kg 药量激发背景噪声稍重外，随激发药量增加，记录面貌差异不大。

2. 定量分析

应用专业分析软件，系统的对试验资料进行频率、能量、信噪比等多种参数对比分析。

1) 井深试验分析

分析方案：在靠近较深强反射波（1000ms 处）上下采用时窗 200ms 对其进行了能量、信噪比及频率分析。

（1）能量分析：随着井深的增加，激发能量呈增加趋势，当井深大于 14m 时，激发能量增加趋势变缓。

（2）信噪比分析：随着井深增加，单炮的信噪比呈增加趋势，总的来说单炮之间的差异不大。

（3）频率分析：通过单炮的频率分析，可以大致确定本区地震资料的有效频宽，井深 14m 激发的频带最宽。

2) 药量试验分析

（1）能量分析：随着药量增加，激发能量增加，当药量达到一定程度时，激发能量不再变化，也就是激发药量接近饱和。

（2）信噪比分析：除 0.5kg 药量激发信噪比稍低，其他药量激发单炮信噪比差异不大。

（3）频率分析：2.0kg 药量激发的主频频带较其他药量激发稍宽。

试验点 2 分析方法和点 1 相同。

（三）试验结论

通过试验资料分析，C1 线和 C2 线采用激发井深 16m，激发药量大于 2.0kg，可以获得良好的原始数据，C3 线采用 18m 井深，激发药量 4.0kg。

三、施工方法

（一）观测系统及采集参数

济宁凹陷施工方法及参数如下：

（1）激发因素：单井激发，井深 16m，药量 2.0kg。

（2）观测系统：180 道接收，炮点距 30m，道距 10m，30 次覆盖。

成武凹陷施工方法及参数如下：

（1）激发因素：单井激发，井深 18m，药量 4.0kg。

(2) 观测系统：200道接收，炮点距40m，道距20m，50次覆盖。

(3) 接收因素：Sercel428XL数字地震仪，DSU-1单点检波器。

(二) 变观措施

1. 变观影响因素及目的

为提高采集质量，本次地震测线设计过程中进行了大量的实地踏勘工作，得以确定最佳地震剖面位置。但剖面位置仍存在大量的村庄、水库、鱼塘、养殖基地，根据相关规范规程要求，在房屋、机井、高压线附近50~100m范围内不许放炮，使得部分炮点无法按照设计位置放样成孔激发，为最大限度地降低这些障碍物的影响，保证资料完整、可靠，实际生产工作中进行了部分炮点变观。

2. 变观措施及方法

本次工作采用卫星照片设计与实地相结合的模式对炮点进行变观。即室内通过卫星照片观察，初步确定受障碍物影响的炮点，并统筹全局，进行炮点的模拟变观。然后通过现场实地放样检查的方式，通过对周边环境的综合考虑，对室内预设变观位置的准确性进行评价，从而确定最佳的变观方案。

野外实际工作中遇障碍物主要存在两种情况：一种情况是村庄等障碍物，接收线通过相对较容易，但炮点无法实施，采用"双边加密炮点"观测系统，在障碍物两边加放炮点来增加建筑物下的覆盖次数（图5-2）。另一种障碍物为水体，区内水系发育，河面较宽，水上无法放置检波器，但水中可以适当地进行成孔，通过合理的布设炮点，尽量降低水面空道带来的影响。

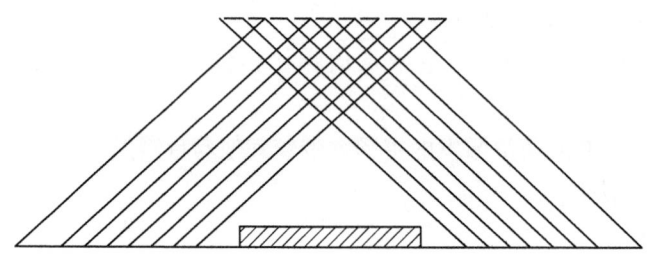

图5-2 两边加密炮点

四、质量控制措施

(一) 质量管理体系

项目实行岗位责任制，在此基础上建立"项目组、部门、院"三级质量监控体系，实行自检、互检、抽检三级检查制度。项目建立了严格的质量管理责任和检查验收制度，野外工作期间对野外取得的各项原始资料定期检查、及时修改和补充。项目组每天调度工作进度，如遇到问题及时上报，以便及时进行调整。

自检、互检：百分比为100%，当天形成的资料当天检查，对存在的问题及时整改。

项目下达任务书后，院迅速组织技术骨干成立了项目组，并以文件形式任命了项目负责，分工明确，责任到人。

部门及项目组为确保项目实施期间生产安全，进行了安全大排查，对危险源进行了辨识、评价，组织了安全培训，进行了安全演练。

（二）质量指标及质量保证措施

在正式施工前进行了系统的试验工作，确定了合理的施工参数和施工方法。对可能引起质量变化的井深、药量，在实际生产中根据监视记录质量情况随时进行调整，以确保施工质量。

1. 质量指标

（1）采集原始记录合格率≥99%，一级（甲级）品率≥60%。

（2）测量成果合格率100%。

（3）激发点的正点率≥90%。

（4）接收点的正点率≥95%。

（5）全区空炮率≤1%；废品率≤2%。

（6）特殊地表条件下覆盖次数不得低于设计的4/5。

（7）除房屋、障碍物压覆下，需进行变观处理。

2. 质量保证措施

（1）严格按设计技术要求进行施工。

（2）加强质检人员投入，进行系统培训后上岗，各司其职。

（3）完善技术设计，进行单线动态设计，对障碍物进行变观处理。

（4）加强野外三边工作，及时对施工中遇到的问题进行整改，保证施工质量。

（5）规范各工序工作：

① 检波器埋置，严格按测量所定位置摆放，不得随便挪动，确因地物及地形变化而无法按测量位置摆放的，偏移距离纵向不得超过1m，横向不得超过3m，且确保每个检波器插直、插牢，严禁无故空道；

② 爆炸班报严格登记井深、药量、井深误差控制在0.5m以内。且严格按试验确定的井深打孔，对于下不去药包的孔及时进行补打；

③ 测量班准确测定沿测线方向相对地形标高变化不小于0.5m的控制点及全测线标高数据，项目组收存测量班报一份；

④ 仪器班报各项内容填写齐全，野外采集参数不全，以至无法查对的点、线一律按废炮处理。

3. 三级质量检查

山东省煤田地质局高度重视本项目野外施工工作，于2019年12月6日组织专家对本项目二维地震工程野外数据采集进行了中期检查，主要对是否按照设计组织施工，施工方法是否合理，风险识别和预防措施到位进行问询和检查，重点对工作量完成进度，基础资料整理规范齐全，测量记录，地震班报、自检互检记录等是否符合规程要求，项目实施过程是否遵循绿色勘查原则进行检查和督促。

五、完成二维地震工程量及质量评价

本次二维地震施工测线 4 条，测线长 52.6km，物理点 1554 个，其中试验物理点 20 个，全部合格，生产物理点 1534 个，经评级甲级记录 1301 张、乙级记录 230 张、废记录 3 张，甲级率 84.81%，合格率 99.81%，单炮记录品质较高，各项技术指标符合设计和规范要求（表 5-2）。

表 5-2 完成二维地震工程量统计表

线号	测线长(km)	生产物理点(个)	甲级	乙级	合格	废
C1	10000~25200	467	384	83		
C21	10130~22420	318	271	46		1
C22	10000~18080	239	184	54		1
C3	8400~31600	510	462	47		1
试验点		20			20	
合计		1554	1301	230	20	3

六、资料处理

（一）技术措施

为了合理选择各种处理参数和确定本次资料处理的基本流程，首先选择 C22 测线进行试验处理工作，主要内容有滤波测试、反褶积试验、自动剩余静校正试验、偏移试验等。

通过试验选择适当的流程和参数，在处理过程中主要做了以下几个方面的工作。

（1）严格道的编辑工作，对不正常道、炮进行了认真、细致的剔除。

（2）合理地选择初至切除量，尽量保存浅层有效信息。

（3）认真选择人工静校正量，以消除炮井、地形等差异造成的时差影响。人工静校正以地表为基准面，对于地形变化大的测线（如河堤坝等），采用单炮、单道校正。

（4）精细的速度分析，每 50 个 CDP 一个速度扫描点，以 1500~5500m/s 的速度进行常速扫描，以选择适合浅目的层、中目的层、深目的层反射波的叠加速度。

（5）根据滤波测试，合理选择迭前和迭后滤波参数。有效波的主频约为 55Hz，考虑到深目的层、浅目的层有效波主频，选择滤波档为 30~35Hz 至 110~130Hz。

（6）选择合适的反褶积参数，以达到提高分辨率的目的。本次处理选择预测反褶积。反褶积后，有效波特征明显，有利于对比解释。

（7）合理选择自动剩余校正参数，以消除动、静校正后的剩余时差。

（8）进行波动方程偏移以提高横向分辨率，实现二维归位，偏移速度为 100%。

（9）抓好上述各环节，认真分析中间资料，及时修正处理方法和参数，保证资料处理的质量。

(二) 处理流程

本次二维处理工作主要包括解编、编辑、增益恢复、迭前滤波、保幅、初至切除、叠前滤预测反褶积、静较正、速度分析、动较正、动较切除、剩余静较正、水平叠加、叠后预测反褶积、时变滤波、标定滤波、叠后偏移等处理模块(图5-3)。

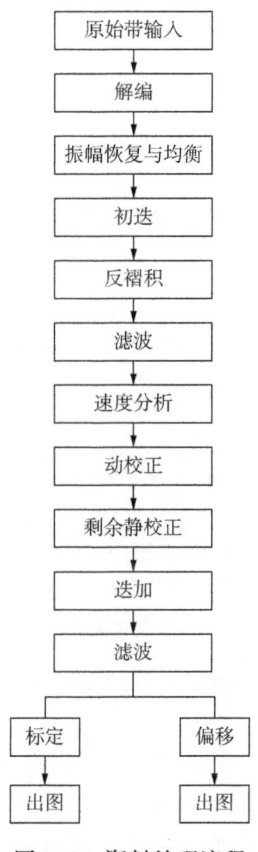

```
原始带输入
    ↓
   解编
    ↓
振幅恢复与均衡
    ↓
   初迭
    ↓
  反褶积
    ↓
   滤波
    ↓
  速度分析
    ↓
  动校正
    ↓
 剩余静校正
    ↓
   迭加
    ↓
   滤波
   ↓   ↓
 标定  偏移
  ↓    ↓
 出图  出图
```

图5-3 资料处理流程

(三) 处理参数

资料处理为常规二维处理，而且在处理过程中切实抓住"精细"二字，每一处理模块的选择、处理参数确定都进行了反复测试和优选。主要处理参数见表5-3。

表5-3 主要处理参数统计

主要处理项目	处理参数	主要处理项目	处理参数
带通滤波	低10Hz；高130Hz	预测反褶积	步长：6；因子长：81
剩余静校正	Gate：200ms；最大校正量10ms	偏移	StAak Vel：100%

(四) 地震时间剖面质量评价

按《煤田地震勘探规范》(DZ/T 0300—2017)对地震时间剖面的评级结果如下：处理后获得时间剖面54.52km。其中Ⅰ类剖面45.44km，占83.35%；Ⅱ类剖面6.3km，占

11.55%；Ⅲ类剖面 2.78km，占 5.10%。

综上所述，本区原始资料质量较高，处理方法选择合理，所获得的地震时间剖面质量高，表现在主要标准波能量突出，信噪比高，分辨率高，波形波组特征明显，可以作为地震地质解释的依据。

七、资料解释

（一）资料解释技术路线

二维地震资料解释遵循如下技术思路（图 5-4）。

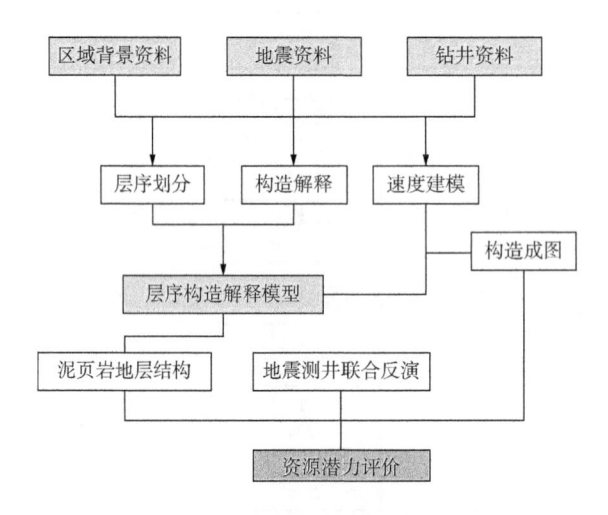

图 5-4　技术路线图

（二）已知资料分析

区内以往进行过煤田和页岩气资源勘查和生产矿井，收集到地震剖面 2 条，钻孔资料 2 件，王楼煤矿实际掘进揭露资料 1 件。经过对资料的分析研究，对有助于本次解释工作的油气地质资料进行了汇总（表 5-4）。

表 5-4　已知资料统计表

点名称	坐标 X	坐标 Y	Q+N 界深(m)	侏罗底界深(m)	3 煤底板深(m)
鱼页一井	3896846	20455495	315	1790	2050
王楼煤矿见油点 1	3899221.76	20459316.52			1170
王楼煤矿见油点 2	3899152.34	20459358.09			1270

（三）反射波标定

地震资料解释就是通过把地震反射波与地质界线对应起来从而达到地质解释的目的。一般通过合成记录进行层位标定，本次收集了以往区内部分成果，在之前地震解释的基础上通过地震剖面闭合直接进行地震地质层位的标定[40]。

在鲁西南地区，山西组 3 煤层是一明显的波阻抗界面，也是区域上良好的标准反射层。济宁凹陷侏罗系底部大范围有岩浆岩沿侵入，其与油气生成有一定联系，由于其呈岩床形态，厚度较大且相对稳定，其与围岩地层之间有明显速度和密度差异，岩浆岩顶底界可以形成较强的反射。

本次对以上主要地质分界线以及具有明显标识的地质层位进行了界定。

1. T_{Q+N} 波

T_{Q+N} 波是来自第四系与下伏地层分界面形成的反射波。新近系地层为砂岩、泥岩互层，产状近水平，其底界与下伏基岩呈不整合接触，反映在地震时间剖面上，T_{Q+N} 波与下伏地层的波相长、相消干涉，波形变化明显，利用其与下伏地层的不整合接触关系，能可靠地识别该反射波，它是解释新生界厚度的主要依据。

2. T_R 波组

来自岩浆岩顶底界面形成的反射波，波组特征明显，表现为 2~3 个强相位反射特征，波形变化不大，全区能连续追踪，用此波可确定岩浆岩的厚度和埋藏深度。

3. T_3 波

以山西组 3 煤层为主形成的反射波，是本区用于构造解释的主要标准波，其主频约为 60Hz，可连续追踪，当山西组 3 煤层变薄、缺失或被岩浆岩侵蚀时，该波变弱、消失或呈"蚯蚓"状的杂乱反射。

4. T_{10} 波

十下灰及 16 煤层附近产生的反射波，上距 T_3 波约 90~100ms。由于上覆岩浆岩及 3 煤层强屏蔽作用的影响，时间剖面上 T_{10} 波能量较弱，连续性较差。

5. T_O 波

推测为奥灰底界反射波，反射波能量强，波形稳定，可连续追踪。

（四）主要层位对比解释

利用相似性对比方法确定的两组反射波 T_O 波和 T_3 波，辅助以其他可追踪对比的反射波，对全区地震资料进行追踪对比，对比以偏移剖面为主，参考叠加剖面。

1. C1 线解释

C1 线跨越济宁凹陷，主要目的是控制嘉祥断层和济宁断层，嘉祥断层分出嘉祥支断层，基本控制了测线上侏罗统赋存状况，受工作量限制，东部未对济宁断层进行控制（图 5-5）。

2. C2 线解释

C2 线跨越济宁凹陷，主要目的是控制嘉祥断层和济宁断层，从剖面显示可以看出，测线对嘉祥断层和济宁支断层形成有效控制，嘉祥断层对新近系有错段。测线穿过鱼页一井和王楼煤矿井下渗油点（图 5-6）。

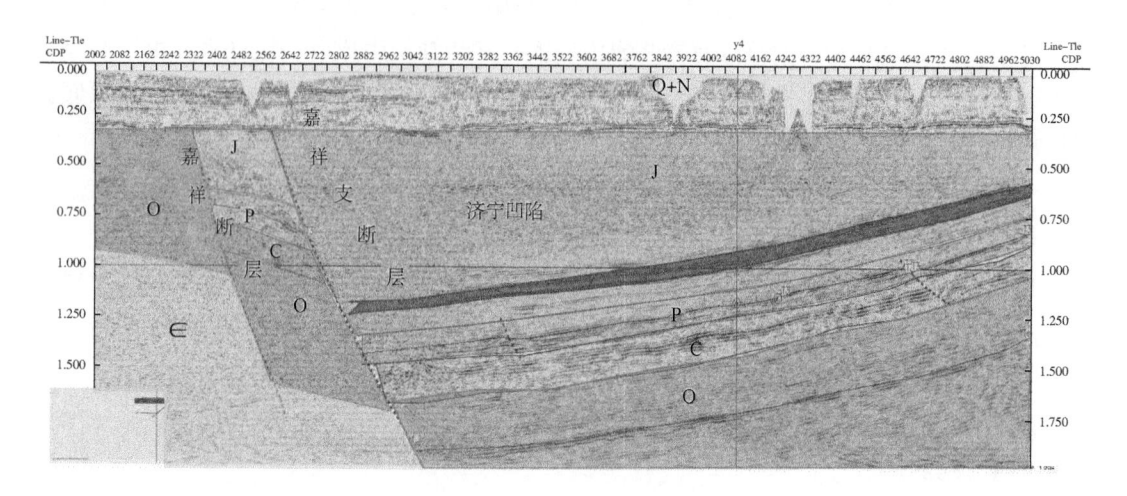

图 5-5　C1 线综合解释

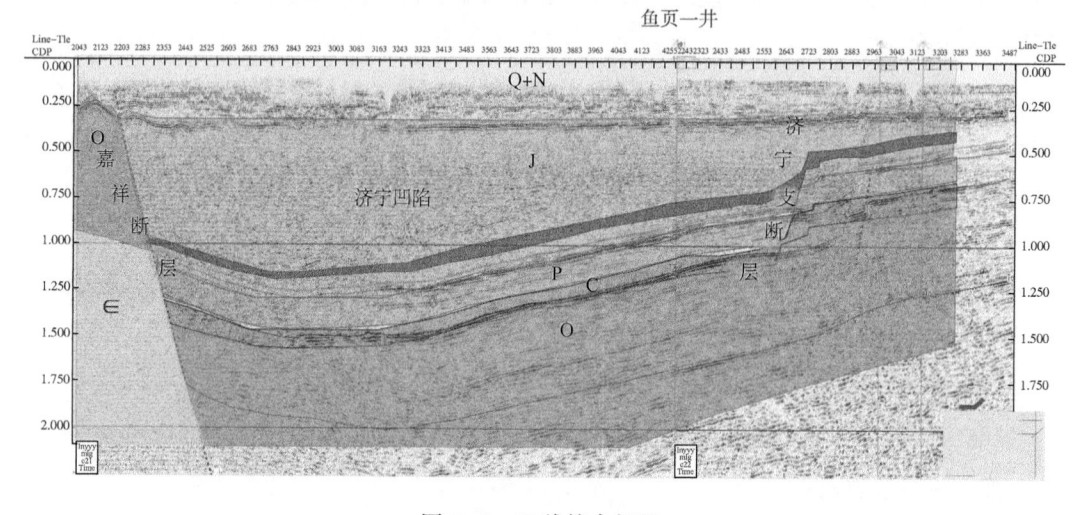

图 5-6　C2 线综合解释

3. C3 线解释

C3 线跨越成武凹陷，主要是对曹县断层和巨野断层进行控制，时间剖面线是成武凹陷西侧构造复杂，上部覆盖有巨厚的新生界，厚度近 3000m，中生界埋藏较深，具有较好成藏条件（图 5-7）。

（五）构造解释

1. 断层的解释

以反射波同相轴的错断、叠掩、扭曲、强相位转换、断点绕射波和断面波作为解释依据[41]。利用标准波及各辅助反射波的波形、波组、波系对比，控制断层的倾向、落差。对水平叠加剖面及偏移剖面均进行了对比解释。

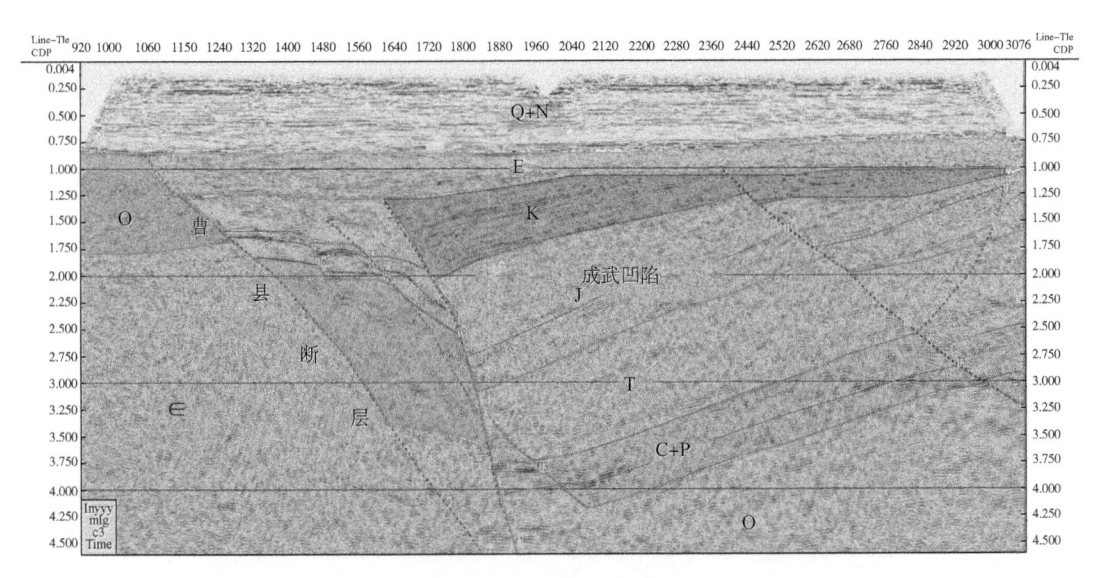

图 5-7 C3 线综合解释

本区断层主要有以下几种表现(图 5-8、图 5-9):

(1) 断层走向与测线交角较大,尤其是正交时,断层在时间剖面上的表现为同相轴明显的错断。这种情况断层的位置及落差控制可靠。

(2) 断层上下盘反射波出现相互叠掩现象。这种情况一般有断层上下盘产状不一致或因断层走向与测线夹角较小造成的。

(3) 断层落差较小时,同相轴错断不明显,断点在时间剖面上表现为同相轴扭曲、强相位转换等。

(4) 本区断层规模普遍较大,断层常伴有断面波或断点绕射波。这些特征波可帮助在时间剖面上识别断层、断点位置,这种情况一般在落差较大时出现。

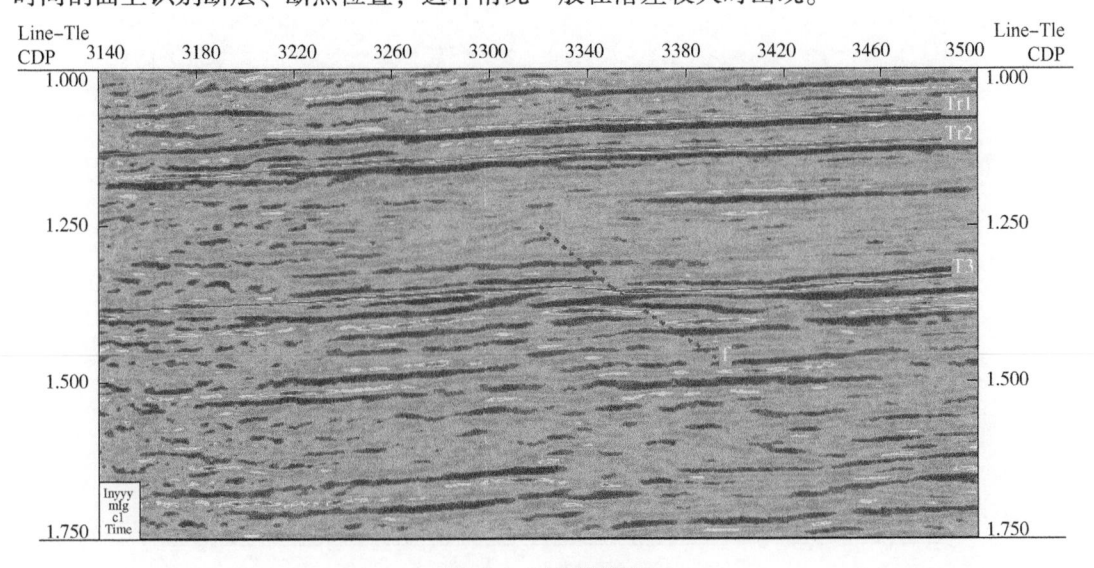

图 5-8 小断层解释

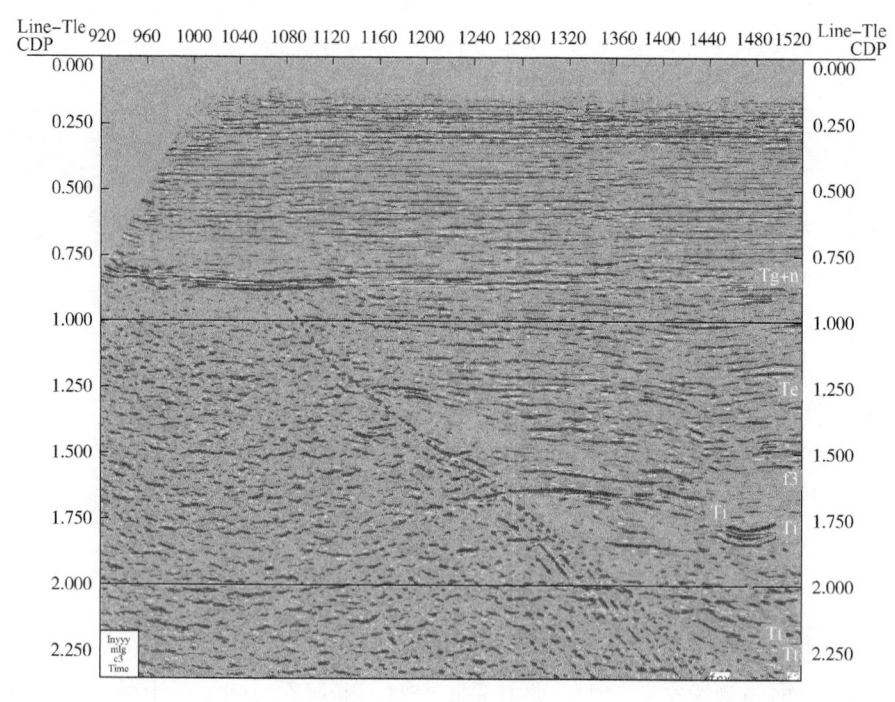

图 5-9　大断层解释

2. 褶曲的解释

（1）本区新生界底界面较为平缓，只是嘉祥断层对新生界有较大影响。山西组煤系地层的反射波同相轴能较可靠地反映地层的形态，分析、研究煤层反射波的起伏情况，可获得褶曲的基本形态（图 5-10）。

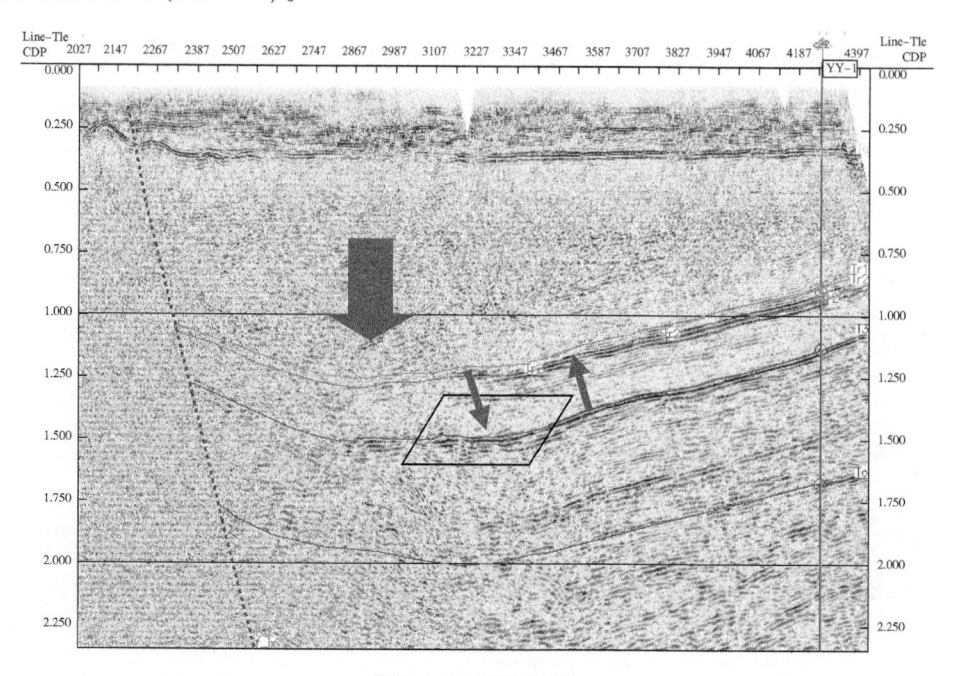

图 5-10　褶曲解释

（2）褶曲形成反射波回转受界面曲率、埋深等条件的制约，当界面为向斜曲率及埋深满足反射波回转条件时，常有回转波出现，一般迭后偏移处理能较好地恢复褶曲的真实形态。当界面为背斜时，背斜轴部常造成反射波的发散现象，曲率越大，发散现象越多。

3. 岩浆岩解释

济宁凹陷侏罗系底部有大面积岩浆岩以岩床形式分布，岩浆岩与其围岩之间波阻抗差异明显，加之岩床厚度较大，平均厚度100m左右，其顶底界可以形成较强的连续反射波（图5-11）。

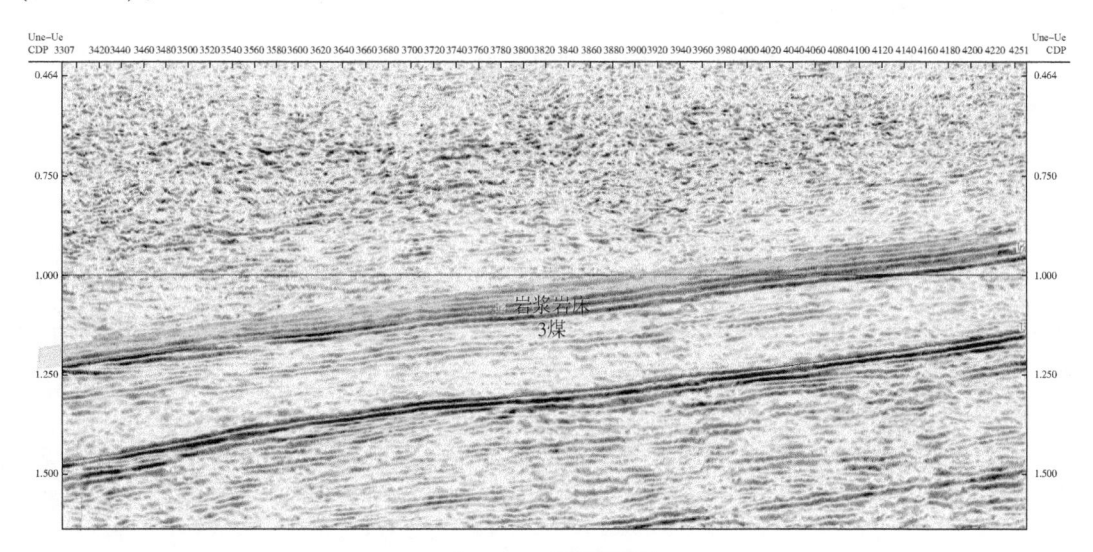

图 5-11 岩浆岩解释

（六）速度分析及图件制作

1. 时—深转换

时—深转换是将地震时间剖面转换成地震地质剖面，其速度直接影响解释精度，该项工作先进行时—深转换模型的建立，再做时—深转换速度的综合研究。

1）新生界速度分析

研究区范围大，新生界厚度变化大，济宁凹陷平均深度大约在300m左右，成武凹陷最大厚度可达1300m，由于地层沉积稳定，速度纵横向变化不大。根据区内已知资料分析，济宁凹陷内新生界平均速度为1850m/s，成武凹陷因厚度大，速度稍快，达到1900m/s。

2）基底速度分析

研究区基底地层速度随地层物性以及地层厚度变化而有差异，侏罗系平均速度为3000m/s，中生界平均速度为3300m/s左右。根据区内已知资料对主要标志层山西组3煤层的平均速度进行了分析（表5-5）。

表 5-5　3 煤层速度分析

点名称	3 煤底板深度(m)	3 煤底板反射波双程时(ms)	平均速度(m/s)
鱼页一井	2050	1148	3570
王楼煤矿见油点 1	1170	704	3323
王楼煤矿见油点 2	1270	752	3377

3) 岩浆岩速度分析

济宁凹陷侏罗系下部有一层岩浆岩床,平均厚度 80m 左右,其平均速度达到 4500m/s 以上,对其下部地层的速度造成一定影响。

2. 时—深转换模型的建立

研究区第四系属新生界松散—半固结的地层结构,平均速度基本按线性关系由浅到深为 1875~2020m/s。而基底地层的平均速度为 3300~3800m/s,新近系底界为一明显的速度分界面,以新近系底界面为界划分上下两层均匀介质,时—深转换模型采用二层均匀介质 t_0 作图法,经理论计算及实际验证,完全可满足深度解释精度的要求。

3. 时—深转换

根据以上情况分析,济宁凹陷构造规律性较强,采用平均速度进行时—深转换速度曲线构建进行时—深转换可行;成武凹陷由于覆盖层厚度大,钻孔资料少,采用资料处理的速度场进行时—深转换精度更好。

4. 剖面图制作

主要使用偏移时间剖面,利用每个 CDP 点的双程反射时间和平均速度曲线进行计算,得到每个点位对应反射波的深度值,在 SECTION 中进行成图,获得最终地震地质剖面图。

第三节　参数井钻探工程及质量评述

一、施工概况

参数井鲁页油 1 井自 2020 年 10 月 26 日开钻,采用 TSJ-2000E 钻机施工,于 2020 年 12 月 27 日完钻,累计施工 63 天,完钻井深 1209m,完钻层位侏罗系三台组三段岩浆岩,其中取心进尺 201.31m,心长 182.13m,岩心收获率 90.47%,并按照设计完成录井、测井及采样测试工作。

2020 年 10 月 24 日通过开孔验收、钻前工程;2020 年 10 月 26 日一开钻进至井深 305.46m;2020 年 10 月 28 日用 ϕ215.9mm 扩孔器扩孔;2020 年 10 月 31 日测井。2020 年 11 月 1 日至 2 日下入 ϕ177.8mm 套管 295.82m,下入深度 295.47m;2020 年 11 月 2 日至 4 日固井,试压;2020 年 11 月 5 日二开钻进;2020 年 12 月 27 日钻至井深 1209m 完钻;2017 年 12 月 27 日测井。

二、井身结构

本次页岩油参数井施工完全按照地质设计和工程设计开展各项工作(表 5-6、图 5-12):

表 5-6 鲁页油 1 井井身结构表

开钻次序	井段（m）	钻头尺寸（mm）	套管尺寸（mm）	套管下深（m）	环空水泥浆返深（m）	备注
1	0~305.46	215.9	177.8	295.84	地面	钻穿新近系
2	305.46~1200.00	152.0	139.7	设计下深 1198.00	地面	水泥返深至地面

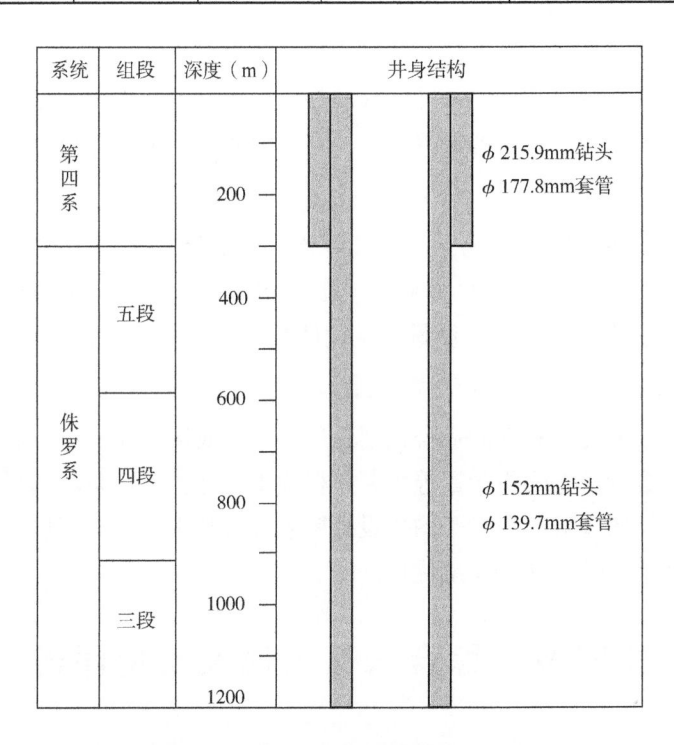

图 5-12 鲁页油 1 井井身结构示意图

一开采用 φ215.9mm 牙轮钻头钻进，钻穿新近系地层，扩孔至 φ215.9mm，下入 φ177.8mm 表层套管（J55）固井，固井水泥返至地面，该段深度 305.46m，套管下入深度 295.47m。

二开采用 φ152mm 牙轮钻头钻进至终孔，该段约 305.46~1200m，视油气显示情况下入 φ139.7mm 的生产套管（N80）固井完井，固井水泥返至地面。

三、钻探工程质量评述

（一）井身质量

鲁页油 1 井完钻井深 1209m，单点测斜井斜最大为 3.80°，位于 1000m 处，方位为 59.70°。全井井身质量达到设计（小于 5°）和相关规程、规范要求。

（二）简易水文观测质量

鲁页油 1 井钻井，均按设计要求进行了简易水文观测，回次水位和消耗量观测率均达 100%，观测项目、内容达到设计要求。

（三）取心质量

鲁页油1井井深1209.00m，取心进尺201.31m，心长182.13m，岩心收获率90.47%，岩心直径70mm。侏罗系部分地层垂直裂隙较发育，岩心破碎严重，造成个别回次取心率偏低。

（四）班报表及原始记录质量

形成的各项原始记录齐全、整洁、数据准确。各类报表上报及时，内容详细。按照设计要求进行简易水文观测，准确记录冲洗液消耗量，简易水文观测记录见原始班报表。井控坐岗记录、钻井液班报表、设备保养记录等各项原始资料记录齐全。

（五）钻孔封闭质量

结合本井井身结构和地层情况，对全井用水泥浆封闭，水泥：细砂：清水 = 1：1：0.65，使用水泥240000kg，细砂240000kg，清水156000kg，泵入井内进行钻井封闭。井口2.00m深处埋设水泥暗标，封孔质量满足设计要求。

（六）健康、安全与环境保护（HSE）质量

本井使用的钻井液类型和性能适合钻遇地层，钻井液性能测定符合相关要求；钻井液的密度、失水量、含砂量、固相含量等主要指标优于设计要求；防堵漏材料符合设计及规范要求；钻井液、钻场垃圾、废料等均按设计要求进行处理，未对环境造成不良影响，该井健康、安全与环境保护（HSE）质量优良。

第四节 综合录井工程及质量评述

一、完成录井工作量

本井严格按照有关技术规范及技术法规、石油天然气行业标准、鲁页油1井地质设计，进行了钻时、气测、岩屑、岩心、荧光、迟到时间测定及井口油气观察、钻井液性能、工程参数及实时采集与预报等多项综合录井工作，取全取准了各项原始地质资料，圆满地完成了本井钻井地质任务，达到了钻井地质目的。实钻录取资料情况见表5-7。

表5-7 录井工作量完成情况

类别	项目	井段(m)	测量要求	完成工作量	完成率(%)	备注
地质录井	岩屑录井	全井段	第四系每2m一个样，侏罗系至井底每1m一个样，其中取心段不捞取岩屑	859点	100	
	岩心录井	目的层取心200m	取心井段进行岩心录井	201.21m	90.47	
	荧光录井	0~1209	按照岩屑录井的密度逐包进行湿照、干照、滴照，发现油气显示或异常现象进行浸泡定级	859件	100	

续表

类别	项目	井段(m)	测量要求	完成工作量	完成率(%)	备注
钻时录井	迟到时间	0~1209	一开井段每100m实测迟到时间一次,二开井段每50m实测迟到时间一次	25次	100	
	钻时	0~1209	连续测量,每整米记录1点,取心时或油气显示层段每0.5m记录1点	1209点	100	
气测录井	全烃	0~1209	连续测量、每整米记录1点,钻遇第一层油气显示后,要求详细记录后效(扩散气)情况	1209m	100	
	烃组分	0~1209	连续测量、每整米记录1点	1209m	100	
钻井液录井	密度	0~1209	每10m测量一次	120次	100	
	温度	0~1209	每10m测量一次	120次	100	
	电导	0~1209	每10m测量一次	120次	100	
工程录井	钻头位置	0~1209	连续	1209	100	
	井深	0~1209	连续	1209	100	
	迟到井深	0~1209	连续	1209	100	
	立管压力	0~1209	连续	1209	100	
	转盘转数	0~1209	连续	1209	100	
	大钩负荷	0~1209	连续	1209	100	
工程录井	排量	0~1209	连续	1209	100	
	泵冲	0~1209	连续	1209	100	
	钻压	0~1209	连续	1209	100	
	悬重	0~1209	连续	1209	100	

二、录井工程质量评价

(一)气测录井

鲁页油1井气测录井工作严格按照地质设计、工程设计要求执行,对照作业依据进行质量验收,评述如下:

鲁页油1井气测录井人员、设备于2020年10月17日进入井场安装和调试,2020年10月23日设备安装调试完毕,2020年10月26日开始气测录井工作,连续获取了全烃、CO_2、钻时、钻压等参数。

在录井过程中,操作员按时进行巡回检查,检查传感器及脱气泵的工作状态,确保传感器工作正常、灵敏度高、各参数准确。经检查,实验数据真实可信(图5-13、图5-14)。

鲁页油1井传感器标定表		
传感器名称	电流信号（mA）	测量的物理量
绞车	脉冲信号	可计数0~9999
1#、2#泵冲	脉冲信号	0~240SPM
大钩负荷（悬重）	4~20	0~6MPa（0~4000kN）
立压	4~20	0~42MPa
套压	4~20	0~68MPa
出口、入口密度	4~20	0~3.0g/cm³
出口、入口温度	4~20	0~125℃
出口、入口电导率	4~20	0~300ms/cm
相对出口流量	4~20	0~100%（挡板式）
1#、2#、3#、4#池体积	4~20	0~5m（液位）
1#、2# H$_2$S	4~20	0~100ppm
标定人：×××		
审核人：×××		
标定日期：2020年10月25日		

传感器名称	1#出口H$_2$S（ppm）	井名	鲁页油1井
传感器型号	zellweger analytics	录井队	山东省煤田地质规划勘察研究院LJ002队
标定日期	2020年10月25日	标定人	×××
仪器型号	SK-2000C	审核人	×××
电压（mV）	950.00	1260.00	1620.00	2650.00
H$_2$S（ppm）	0.00	10.00	20.00	50.00

图 5-13 传感器校正

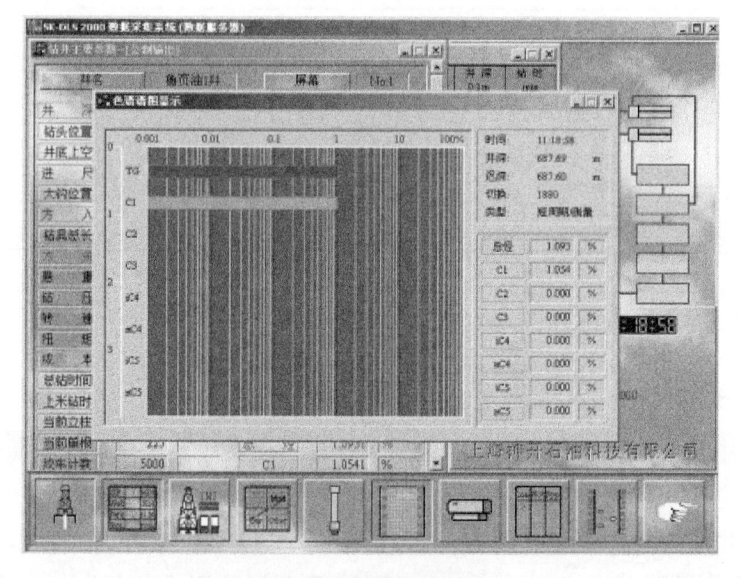

图 5-14 录井注样标定

（二）荧光录井情况

自 2020 年 10 月 26 日对所钻井段进行了荧光录井，井段 0~290m，录取 140 个点；290.00~653.48m，录取 363 个点；653.48~686.57m，录取 29 个点，目前共录取 532 个点。

在实验过程中,操作员对仪器进行校正,确保仪器工作正常、灵敏度高、各参数准确。对实验结果进行误差分析,做到结果真实可靠。经检查,实验数据真实可信。

(三)钻井液录井情况

对现井段进行了钻井液录井,钻井液录井井段 0~1209m,录井人员用分液漏斗记录钻井液黏度、测量钻井液密度、观测 pH 值试纸,经检验测量数值真实准确,符合设计要求。

(四)原始记录及报表

各项原始记录齐全、整洁、数据准确。各类报表上报及时,内容详细。

在实验过程中,操作员对仪器进行校正,确保仪器工作正常、灵敏度高、各参数准确。对实验结果进行误差分析,做到结果真实可靠。经检查,实验数据真实可信。

第五节 样品采取、加工、测试及质量评述

一、样品采取原则

按《油气探井分析样品采样规范》(SY/T 6294—1997)和《探井化验项目取样及成果要求》(SY/T 6028—2002)执行。对施工的鲁页油 1 井进行样品采取,开展页岩油相关测试。按照中生界侏罗系目的层泥页岩、砂岩韵律变化规律,采样要求如下:

(1)厚度在 0.5m 以内的岩心,采取一个样品;单层厚度 0~30m 的岩层,每 0.5m 采取一个样品,30m 以上每 1m 采取一个样品;

(2)在取心钻进前一天,采样人员进场,并于现场人员沟通采样要求及衔接程序,并做好充足的准备工作;

(3)取心前,准备好仪器测试,电源和测试用水;

(4)取心后如取心时间过长(超过 30min),可在完整岩心中采取心中心(直径 2.5cm);

(5)取心层段,要求岩心采取率不低于 90%;

(6)岩心采取要做到岩层结构清楚、岩心不污染,不混入杂质,顺序不颠倒;

(7)所有岩心要进行详细描述编录,并装箱妥为保管。

二、含油层段样品采取

根据鲁页油 1 井出筒岩心岩性及含油显示情况判断,结合气测录井显示结果,按照地质设计及工程设计要求本次采样测试设计针对含油层段的主要评价指标,开展物性、地球化学指标测试 1500 余项。

(一)油层评价

1. 岩心描述

对侏罗系含油岩心劈开观察,鉴于岩心主要沿裂缝分布,重点对裂缝进行系统详细描

述并统计裂缝密度；记录含油特征，进行滴水试验、荧光试验、含气试验等。

2. 物性、含油性分析

主要用于分析侏罗系含油层段储集层孔隙度、渗透率、储集空间类型、储层敏感性以及含油性等基本情况。其中岩心采样要求见表 5-8。

表 5-8 含油层段采样要求简表

项目	采样要求
常规分析（孔隙度、渗透率、含油饱和度、碳酸盐、岩石粒度、岩石密度、薄片）	油浸及以上含油级别的岩心每 1m 取样 10 块，1/2 直径，长 10cm，其中三块封蜡。油浸以下渗透性岩心每 1m 取样 3 块，1/2 直径，长 10cm
相对渗透率、润湿性及五敏试验	

3. 定量荧光、岩石热解分析

主要反映含油层段油气的性质及丰度。

采样要求：侏罗系含油层段岩心样品，单层厚度小于或等于 0.5m 的每层取样一个，大于 0.5m 的每 0.5m 取样一个（油气显示过渡带加密取样），注意应选取岩心未被钻井液污染的中心部位。

4. 荧光薄片分析

能直观分析微观裂隙含油情况，尤其在含水及油水界面处效果更为明显。

取样要求：岩心见荧光及以上含油级别的岩心，厚度小于 0.5m，每层取样 1 块，厚度大于 0.5m 的，每 1.0m 取样 2 块；岩心出筒后 30min 内，从全直径岩心的中心部位选取具有代表性的、未受钻井液和地面水浸染的样品，其样品大小不小于 40mm×40mm×10mm 为宜。

（二）油源对比

取样要求：(1)对含油岩心取样，对同一含油段平均间距取 3~4 个样品；(2)对烃源岩岩心或岩屑取样，对同一烃源岩段平均间距取 3~4 个样品；上覆和下伏地层泥岩段及含油井段的暗色泥岩取样，同一泥岩段平均间距各取 3~4 个样品。

分析项目：(1)热解色谱分析(首选)据指纹化合物及正构烷烃的分布对比油—油、油—烃源岩亲缘关系；(2)族组分；(3)碳同位素。

第六节　原始地质编录及综合整理

一、原始地质编录

对现场获取的岩屑、岩心进行系统编录，对每袋岩屑晒干后进行详细描述，包括颜色、岩性、结构、构造、矿物成分及含量、磨圆度(砂岩、砾岩)、不同岩屑所占比例、油气显示灯，填装百格箱。

对获取的岩心标注回次，起止孔深，解析完成岩心归位后，对岩心进行系统测量及描述，测量岩心长度，计算采取率，划分岩性层，测量各层视厚，根据采取率换算揭露厚度，填写并放置分层标签，对岩性完整性进行测量，计算岩石质量指标，划分岩石质量等级；对各岩性层进行描述，包括颜色、岩性、结构、构造矿物成分及含量、断口、磨圆度（砂岩、砾岩）、轴夹角、次生构造、化石、有机质情况、油气显示灯。认真填写地质记录表、岩心箱登记表、岩心分层记录表，采样时填写采样登记表，并在采样位置放置采样标签。之后，根据岩屑（心）编录成果绘制岩性柱状图。

二、原始资料综合整理

将野外形成的综合录井、现场解析、测井、钻探施工等原始资料数据，整理形成各自的单项成果总结报告，将各单项资料成果与地质编录形成的岩性柱状图相结合，各项资料与岩性一一对应，形成综合柱状图。

第七节　基础地质编图及质量评述

一、地质图编制

本区为大部为基岩隐伏区，被第四系覆盖，地面地质调查工作难以开展，为更好地完成页岩气评价工作，区内主要开展的是基础地质图件的测绘工作，通过全面收集本区已完成的钻探资料、物探资料，结合本次勘探成果，修编基岩地质图，将已证实的地层、断裂构造、侵入岩等地质内容全部编绘到图纸上，作为评价工作的地质底图。

二、室内资料整理

采用"三边一及时"的工作方法，即边工作、边整理资料、边综合研究，根据工作进展情况及获得的地质成果，及时调整工作部署，准确获得页岩油评价基础数据。

资料整理贯穿于工作全过程，对各种技术方法获得的第一手资料、数据要及时进行综合整理、制图制表，做到整理认真、仔细，当日完成；阶段整理应详细充分，并核实资料的真实性和完备程度，完成具体工作项目小结及相应的图表，寻找和归纳存在的问题并提出解决办法和措施，以指导下一步研究工作。

第六章 结 论

第一节 完成情况及取得的主要认识

本次资源评价工作，全面收集了石油、地矿、煤田勘查开发和其他与页岩油有关的地质矿产资料382余份；采用Sercel428XL数字地震仪开展二维地震勘查，施工地震测线4条，测线长52.6km，物理点1554个；完成鲁页油1井施工工作，开展测井、录井、化验等工作提取相关页岩油参数。在此基础上确定济宁—鱼台凹陷侏罗系三台组、汶东凹陷古近系大汶口组、成武凹陷白垩系分水岭组为页岩油赋存主要层位，也是本次资源评价重点工作区，分析其赋存状态，获取含油性特征，泥页岩发育特征和地球化学特征等。编制页岩油评价因素图件。对鲁西地区重点评价区资源潜力进行了初步评价，圆满地完成了地质设计要求的各项地质任务。

（1）开展的钻孔在济宁—鱼台凹陷侏罗系三台组发现良好的页岩油气显示。

在资料分析、地震勘查的基础上，本次施工了鲁页油1井，录井显示在侏罗系三台组发现了油气显示，结合鱼页参1井，已有两口钻井实现了济宁—鱼台凹陷侏罗系三台组页岩油气发现，也是鲁西地区继汶东凹陷之后，是矿权空白区又一个钻井发现较好页岩油气显示的凹陷。

（2）系统获取分析了鲁西地区侏罗系三台组、古近系大汶口组页岩油关键特征参数。

通过收集汶东凹陷钻井、化验资料，完成济宁鱼台凹陷鲁页油1井、鱼页参1井钻录测及分析测试工作，明确了济宁—鱼台凹陷侏罗系三台组烃源岩综合评价为中等烃源岩，部分层段达到好烃源岩评价标准；有机质类型主要为Ⅲ型，局部见Ⅰ型、$Ⅱ_1$和$Ⅱ_2$型；处于成熟—高成熟阶段。汶东凹陷大汶口组烃源岩综合评价为中等—极好的烃源岩；演化程度为低熟阶段；页岩、泥页岩较泥岩、泥灰岩具有更好的生烃能力；干酪根类型为Ⅰ型和$Ⅱ_1$型、$Ⅱ_2$型，含油率为0.4%~11.0%。

（3）进一步研究了鲁西地区页岩油气来源，分析了成藏赋存规律。

依据收集和本次开展的页岩油勘查工作获取的页岩油相关资料，全面地对鲁西地区的页岩油赋存条件进行了系统评价。鱼页参1井侏罗系含油层段的生物标志物与鲁页油1井有较强的可对比性，但也具有一定的差异性，为自生自储性油藏可能性大；汶东凹陷大汶口组裂缝孔洞型原油来自本层段烃源岩，属于自生自储型油藏，砂层孔隙型原油来源尚不能确定，可能来自大汶口组中下段烃源岩或者深部的固城组。鲁西地区侏罗系三台组、古近系大汶口组沉积厚度大，生油岩系发育，生—储—盖配置较好，钻井已发现较好的油气显示，油气成藏主要受岩性因素控制，具有近源成藏特征，证实了鲁西地区页岩油存在古近系大汶口组自生自储自盖组合、中生界侏罗系三台组自生自储自盖组合。

(4) 对鲁西地区重点评价区页岩油资源量进行了估算。

借鉴国内外页岩油资源评价方法，结合山东省页岩油主要研究层位特点，本次页岩油资源量估算采用体积法(氯仿沥青"A"法)计算了济宁—鱼台凹陷侏罗系和汶东凹陷古近系两个地质单元。在地质单元的富有机质泥岩厚度等值线图、有机碳含量大于0.5%范围图、R_o等值线图等因素图件的基础上，优选评价参数，计算出济宁—鱼台凹陷页岩油资源量为 $6918×10^4$ t；汶东凹陷页岩油资源量为 $6912×10^4$ t。鲁西地区具有较大的页岩油勘探潜力，建议在济宁—鱼台凹陷、汶东凹陷开展更进一步的研究，对比济宁—鱼台凹陷成果，在成武凹陷部署进一步勘探工作，从面上扩大成果。

(5) 优选了鲁西地区页岩油有利区。

参考国外页岩油气勘探开发的情况，结合鲁西地区泥页岩基本地质特征，综合泥页岩厚度、有机质丰度、成熟度、石英等脆性矿物含量、保存条件等评价参数，对鲁西地区重点评价区页岩油有利区进行了预测。鱼页参1井在三台组泥岩中见丰富的油气显示，表明了济宁—鱼台凹陷页岩油良好的富集条件，泥页岩脆性矿物含量平均值为45.1%，压裂改造条件好，综合评价济宁—鱼台凹陷页岩油勘探潜力好。汶东凹陷油气显示活跃，纵向上页岩油分布广泛，含油率普遍较高，发育埋深分别为440~560m 和 700~820m 的两个页岩油富集层段，页岩油富集条件好；泥页岩脆性矿物含量高，平均含量达49.2%，压裂改造条件好；综合评价汶东凹陷页岩油勘探潜力较好。

第二节　存在问题及下一步工作建议

(1) 工作区范围较大，页岩油勘查资料较少，增加了评价难度。

通过本次开展的页岩油参数井钻探及二维地震、测井、化验等工作，仅可开展个别构造区内评价工作，但鲁西地区面积较大含多个凹陷构造，各个凹陷区内沉积存在差异化，由此造成评价工作的不稳定性。

济宁—鱼台凹陷、汶东凹陷受资料的影响，对两个评价区页岩油的生烃条件、储集条件、保存条件及工程条件这四个方面的评价还未能深入研究确定，这方面的基础研究工作一旦夯实，可大幅提高研究区的评价级别。

成武凹陷发育良好的白垩系，与济宁鱼台凹陷侏罗系三台组有很好的类似页岩油富集特征。本次部署的跨越成武凹陷的C3地震线，解释结果表明中生界埋藏较深，具有较好成藏条件。建议下一步应加强对成武凹陷开展油气勘查。

(2) 科学规划，统筹页岩油资源战略勘查、开发，建立合理资源评价体系。

通过科学规划，采用坚持勘查程序、加强综合地质研究、采用先进的勘探技术、加强资金管理等有力措施，尽快开展全省范围内页岩油资源潜力评价工作，并开展有利区优选，同时建立分类型陆相页岩油"甜点"区评价标准及评价方法，解决选取评价面临的技术难题。

（3）加快核心技术及关键装备研发，实现山东陆相页岩油的有效开发。

传统油气的勘探开发方式不在适用于页岩油资源的开发，需针对页岩油储层特点、成因，大力开发新技术，以应对未来在页岩油开发中遇到的难点。而山东省乃至中国陆相页岩油层系普遍存在黏土矿物含量高、脆性指数低、压力系数低等特点，与北美地区海相页岩油储层发育特点存在较大差异，这些地质特征上的差异，决定了中国陆相页岩油的开发不能照搬国外现有勘查和开发技术，页岩油资源若想达到规模化的生产，还需研究新技术、新方法作为支撑。

总之，通过几年的工作取得一定的成果，因工作量有限，勘查程度不够，资源评价精度和准确度可能存在一定误差，工业利用价值评价不尽准确，下一步工作中要不断加强理论探索、技术研发和勘探开发投入，鲁西地区页岩油勘查和工业化开发有望实现新突破。

参考文献

[1] 黎茂稳，马晓潇，金之钧，等．中国海、陆相页岩层系岩相组合多样性与非常规油气勘探意义[J]．石油与天然气地质，2022，43(1)：1-25.

[2] 叶子倩，朱红涛，杜晓峰，等．渤海湾盆地黄河口凹陷古近系沙一段混积岩发育特征及沉积模式[J]．地球科学，2020，45(10)：3731-3745.

[3] 刘旭锋，张交东，周新桂，等．汶东凹陷页岩油发育特征及富集控制因素分析[J]．油气地质与采收率，2016，23(6)：41-46.

[4] 赵贤正，蒲秀刚，周立宏，等．深盆湖相区页岩油富集理论、勘探技术及前景——以渤海湾盆地黄骅坳陷古近系为例[J]．石油学报，2021，42(2)：143-162.

[5] 杜学斌，刘晓峰，陆永潮，等．陆相细粒混合沉积分类、特征及发育模式——以东营凹陷为例[J]．石油学报，2020，41(11)：1324-1333.

[6] 曲平，吕杰，郭震，等．山东地区地壳及上地幔结构研究[J]．北京大学学报(自然科学版)，2020，56(4)：649-658.

[7] 宋明春，徐军祥，焦秀美，等．山东省地质矿产勘查开发局60年重要找矿成果和深部隐伏区找矿技术进展[J]．山东国土资源，2018，34(10)：1-14.

[8] 张增奇，梁吉坡，李增学，等．山东省煤炭资源与赋煤规律研究[J]．地质学报，2015，89(12)：2351-2362.

[9] 王怀洪，张晖，巩固，等．山东煤田地质特征与现代煤田划分[J]．中国煤炭地质，2017，29(09)：18-22.

[10] Loucks R G, Ruppel S C. Mississippian Barnett Shale：Lithofacies and depositional setting of a deep-water shale-gas succession in the Fort Worth Basin, Texas[J]. AAPG Bulletin, 2007, 91(4)：579-601.

[11] 车世琦．测井资料用于页岩岩相划分及识别——以涪陵气田五峰组—龙马溪组为例[J]．岩性油气藏，2018，30(01)：121-132.

[12] 高兵艳，彭文泉，张春池，等．海陆交互相沉积岩页岩气生储特征——以鲁西南含煤区为例[J]．山东国土资源，2022，38(2)：10-17.

[13] 蒋飞虎，王秀英，张绍玲，等．中原油气区侏罗系地层特征[J]．地层学杂志，2006(03)：243-252.

[14] 曾秋楠，张交东，周新桂，等．鲁西南晚古生代泥页岩地球化学特征与沉积环境分析[J]．山东国土资源，2016，32(8)：22-26.

[15] 徐聪，李理，符武才．鲁西地块中、新生界裂缝发育特征及构造应力场分析[J]．地质科学，2021，56(3)：829-844．

[16] 申金超，李士成，张斌．鲁西隆起和济阳拗陷耦合关系分析[J]．地质与资源，2018，27(5)：411-416．

[17] 张增奇，张成基，王世进，等．山东省地层侵入岩构造单元划分对比意见[J]．山东国土资源，2014，30(3)：1-23．

[18] 胡秋媛，李理，郭建伟．鲁西隆起与济阳坳陷晚中生代—古近纪构造演化对比及数值模拟[J]．中国石油大学胜利学院学报，2018，32(1)：1-7．

[19] 平艳丽，刘杰，赵艳，等．鲁西银山庄地区煌斑岩岩石地球化学特征及其构造环境探讨[J]．山东国土资源．2023，39(2)：1-8．

[20] 张洪波．东濮及邻区中生界地层沉积相研究[D]．北京：中国地质大学(北京)，2006．

[21] 郑朝阳，张文达，朱盘良．盖层类型及其对油气运移聚集的控制作用[J]．石油与天然气地质，1996(2)：96-101．

[22] 庞雄奇，苑学军，陈章明，等．可靠性研究在油气田勘探中的应用——地震层速度资料用于含油气层厚度定量解释的可信度分析[J]．石油学报，1993(3)：45-52．

[23] 王华，王伟，李月强，等．聊古1井地震水化观测环境保护问题探讨[J]．内陆地震，2010，24(2)：180-185．

[24] Hakimi Mohammed Hail, Abdullah Wan Hasiah, Shalaby Mohamed Ragab. Geochemical and petrographic characterization of organic matter in the Upper Jurassic Madbi shale succession (Masila Basin, Yemen): Origin, type and preservation[J]. Organic Geochemistry, 2012, 49: 18-29.

[25] 王亚东．有机质类型及演化特征对页岩油、气富集规律的影响研究[D]．武汉：长江大学，2016．

[26] 张林晔，包友书，李钜源，等．湖相页岩中矿物和干酪根留油能力实验研究[J]．石油实验地质，2015(6)：776-780．

[27] Wang Yang, Liu Luofu, Ji Huancheng, et al. Origin and accumulation of crude oils in Triassic reservoirs of Wuerhe-Fengnan area (WFA) in Junggar Basin, NW China: Constraints from molecular and isotopic geochemistry and fluid inclusion analysis[J]. Marine and Petroleum Geology, 2018, 96: 71-93.

[28] 赵文，郭小文，何生．生物标志化合物成熟度参数有效性——以伊通盆地烃源岩为例[J]．西安石油大学学报(自然科学版)，2016，31(6)：23-31．

[29] 李志明，孙中良，黎茂稳，等．陆相基质型页岩油甜点区成熟度界限探讨——以渤海湾盆地东营凹陷沙三下—沙四上亚段为例[J]．石油实验地质，2021，43(5)：767-775．

[30] 包建平，朱翠山．生物降解作用对辽河盆地原油甾萜烷成熟度参数的影响[J]．中国

科学(D辑：地球科学)，2008(S2)：38-46.

[31] 张林晔，李钜源，李政，等. 北美页岩油气研究进展及对中国陆相页岩油气勘探的思考[J]. 地球科学进展，2014，29(06)：700-711.

[32] 许琳，常秋生，杨成克，等. 吉木萨尔凹陷二叠系芦草沟组页岩油储层特征及含油性[J]. 石油与天然气地质，2019，40(3)：535-549.

[33] 王铁冠，何发岐，李美俊，等. 烷基二苯并噻吩类：示踪油藏充注途径的分子标志物[J]. 科学通报，2005(2)：176-182.

[34] 宋国奇，张林晔，卢双舫，等. 页岩油资源评价技术方法及其应用[J]. 地学前缘，2013，20(4)：221-228.

[35] 王浩力. 松辽盆地南部嫩江组泥页岩地球化学特征及页岩油资源评价[D]. 大庆：东北石油大学，2019.

[36] Passey Q R, Creaney S, Kulla J B, et al. Practical model for organic richness from porosity and resistivity logs：[J]. International Journal of Rock Mechanics & Mining Sciences & Geomechanics Abstracts，1991，28(5)：294.

[37] 张金川，林腊梅，李玉喜，等. 页岩油分类与评价[J]. 地学前缘，2012，19(5)：322-331.

[38] 刘超英，闫相宾，高山林，等. 油气预探区带评价优选方法及其应用[J]. 石油与天然气地质，2015，36(2)：314-318.

[39] 陈国辉. 泌阳凹陷核三上亚段页岩油资源潜力分级评价[D]. 大庆：东北石油大学，2013.

[40] 谢晓军，邓宏文，王居峰. 储层精细描述的地震处理、解释一体化思路探讨——以准噶尔盆地腹部莫西庄地区为例[J]. 石油与天然气地质，2004(5)：533-538.

[41] 王学勇，卞保力，刘海磊，等. 准噶尔盆地玛湖地区二叠系风城组地震相特征及沉积相分布[J]. 天然气地球科学，2022，33(5)：693-707.

[42] 朱如凯，张婧雅，李梦莹，等. 陆相页岩油富集基础研究进展与关键问题[J]. 地质学报，2023：1-23.

[43] 王民，马睿，李进步，等. 济阳坳陷古近系沙河街组湖相页岩油赋存机理[J]. 石油勘探与开发，2019，46(4)：789-802.

[44] 张顺，陈世悦，蒲秀刚，等. 断陷湖盆细粒沉积岩岩相类型及储层特征——以东营凹陷沙河街组和沧东凹陷孔店组为例[J]. 中国矿业大学学报，2016，45(3)：568-581.

[45] 巩固，张春池，高兵艳，等. 鲁西地区上古生界页岩气成藏条件研究[J]. 中国煤炭地质，2018，30(10)：34-38，84.